Los Fósiles del

Tomayate

Una Ventana al Cuaternário de Centroamérica

por Juan Carlos Cisneros

Editora Lulu.com
Raleigh
2012

Juan Carlos Cisneros

Profesor en el Centro de Ciencias de la Naturaleza de la Universidad Federal de Piauí, Teresina, Brasil. Doctor en ciencias de la tierra por la Universidad de Witwatersrand, Johannesburgo, Sudáfrica. Trabajó durante dos años en el Museo de Historia Natural de El Salvador, en las excavaciones del Tomayate.

Texto, ilustraciones y fotos por el autor, salvo donde se indique lo contrario.

Cisneros, Juan Carlos

Los fósiles del Tomayate: Una Ventana al Cuaternario de Centroamérica / Juan Carlos Cisneros – Raleigh: Ed. Lulu.com, 2012.

96 p. il.

ISBN: 978-1-4716-4643-0

1. Paleontología 2. Período Cuaternario. 3. El Salvador. I. Título.

Nota

Este libro no tiene como objetivo fomentar la colecta de fósiles por personas ajenas a la paleontología. Por su extrema fragilidad y su importancia científica e histórica, la extracción de los fósiles exige técnicas cuidadosas y debe ser realizada por personas calificadas. Los fósiles tienen que estar depositados en instituciones especializadas para que puedan recibir el tratamiento de conservación necesario. Esto garantiza que los fósiles permanezcan disponibles para ser estudiados por la comunidad científica y para ser apreciados por todos.

Agradecimientos

Deseo expresar mi más sincero agradecimiento a Don Teófilo Reyes Chavarría, a quién le debemos el descubrimiento del Sitio Paleontológico Tomayate. Deseo también agradecer el apoyo institucional del Museo de Historia Natural de El Salvador (MUHNES), el Museo Nacional de Antropología de El Salvador (MUNA) y la Secretaría de Cultura de El Salvador; así como a varias personas que colaboraron de diversas maneras para llevar a cabo esta empresa: Carmen Tamacas, Stephen Perrigo, Marisol Montellano Ballesteros, Ascanio Rincón, Sarah Fowell, Spencer Lucas, Carlos Linares, Gabriel Cortez, Carlos Pullinger, Ricardo Ibarra Portillo, Federico Hernández, Emilio Cabrera, Claudia Alfaro, José Santos, Leticia Escobar, María Alejandra González y Elvina Barbosa.

Prólogo

La paleontología, como la mayoría de las empresas científicas, es un proceso de conocimiento acumulativo. Con cada nuevo descubrimiento, la visión general se hace más clara, y nos ofrece una mejor ventana hacia el pasado. Este libro nos brinda un maravilloso vistazo acerca de los descubrimientos sobre una época y un lugar específicos en el pasado remoto de El Salvador. El trabajo aquí descrito es importante no sólo porque representa una colección única de huesos fosilizados, sino también por el arduo esfuerzo que se ha requerido para estudiar y describir este importante descubrimiento científico. Ahora tenemos un nuevo panorama sobre el pasado de El Salvador que nos muestra que una vez fue muy diferente de lo que es hoy.

Esta obra ofrece al lector una descripción de los animales encontrados en el nuevo gran yacimiento de El Salvador, también provee un breve resumen de varios de los otros hallazgos de fósiles del país. Es importante para el lector saber que el trabajo de descifrar el pasado antiguo de El Salvador ha abarcado generaciones y continentes. Esta introducción, por lo tanto, ofrece un vistazo a algunas de las personas involucradas en la labor que antecede a este libro. Los siguientes párrafos mencionan a los paleontólogos y otros científicos que han trabajado para contarnos la historia del pasado remoto de El Salvador. El lector debe tomar en cuenta que además de la gente mencionada aquí hay incontables personas que hicieron posible todo su trabajo.

Los fósiles han sido colectados como curiosidades desde tiempos inmemoriales. Los primeros colectores de fósiles que se han documentado en El Salvador fueron probablemente los lencas, un pueblo contemporáneo a los mayas. En los concheros de los manglares del Golfo de Fonseca se han encontrado cangrejos fósiles que fueron extraídos de algún otro lugar y finalmente enterrados ahí. El origen de estos cangrejos fósiles se desconoce pero sospecho que puede ser desde tan lejos como Costa Rica. Sin duda los paleontólogos del futuro descubrirán una localidad centroamericana rica en cangrejos fósiles de este tipo y entonces los arqueólogos que estudian a los lencas sabrán más sobre qué

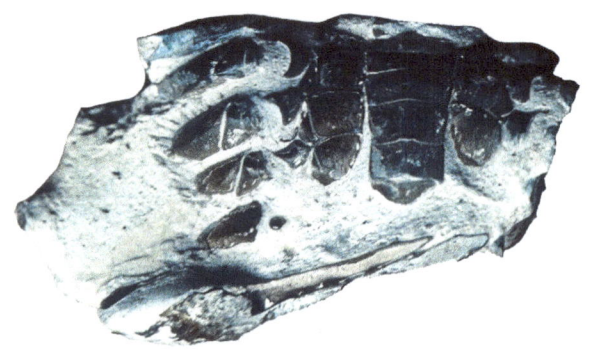

Cangrejos fosilizados, encontrados en un conchero en La Unión.

tan lejos viajaban o comerciaban.

Las primeras colecciones científicas de El Salvador fueron iniciadas por el famoso médico, arqueólogo y naturalista salvadoreño David Joaquín Guzmán, quien escribió lo que probablemente fue el primer artículo científico sobre geología de El Salvador en 1883 (Apuntamientos Sobre la Topografía de La República de El Salvador). Fue seguido por el geólogo Jorge Lardé Arthés quien, en 1917, presentó un informe sobre el yacimiento de fósiles en la Hacienda San Juan del Sur, Morazán -publicado de manera póstuma en 1950. Después, en 1924, publicó un libro sobre la geología de El Salvador. Las colecciones desarrolladas por David J. Guzmán y por Jorge Lardé Arthés fueron documentadas en los años 50 por el hijo de Lardé y Arthés, Jorge Lardé y Larín. En 1958, Tomás Fidias Jiménez publicó un artículo científico sobre el hallazgo de un mastodonte en el Cantón San Juan Buenavista, Ahuachapán.

En los años 40, Ruben A. Stirton y William K. Gealey, de la Universidad de California, visitaron El Salvador para estudiar la geología y la paleontología. Stirton era paleontólogo y Gealey geólogo. Examinaron varios sitios paleontológicos y realizaron una excavación en San Juan del Sur. Este yacimiento aportó fósiles de perezosos gigantes y muchos otros grandes mamíferos que son mencionados en este libro. Publicaron un artículo científico en el que se resumía lo que se conocía entonces sobre la geología de El Salvador.

El relato contado en esa publicación pintó la primera imagen de un sitio paleontológico "viviente" en El Salvador -un nacimiento de agua visitado por grandes mamíferos, incluyendo perezosos gigantes y mastodontes que se hundieron y se atascaron en el lodo. En algunos casos, estos grandes animales sufriendo fueron probablemente depredados por felinos de dientes de sable. Esta visión del pasado de El Salvador era de verdad muy diferente de lo que se hubieran imaginado la mayoría de los salvadoreños.

En los años 50 y 60 El Salvador fue visitado por varios paleontólogos que condujeron breves estudios de campo en sitios seleccionados. En 1952, dos paleontólogos mexicanos visitaron la Barranca del Sisimico, en San Vicente. En 1953 Maldonado Koerdell escribió un artículo con una descripción general de este sitio paleontológico. En 1957 José Álvarez del Villar publicó un tratado sobre los peces fósiles de este sitio. En 1953, Sharat Roy y Robert Wyant del Museo Field (Chicago, Estados Unidos) publicaron un estudio técnico sobre las rocas calizas de agua dulce del Valle del Torola en el noreste de El Salvador, un sitio que fue visitado por Roy en 1951. Un paleontólogo alemán, Erich Triebel, publicó un artículo técnico sobre los ostrácodos fósiles (pulgas de agua) del Sisimico en 1965. Cada uno de estos estudios ha contribuido a la comprensión del pasado antiguo de El Salvador.

De 1967 a 1971 un numeroso equipo de geólogos alemanes visitó El Salvador y desarrolló vasta información sobre la geología del país con el objetivo de preparar un mapa de la geología de El Salvador. Su trabajo culminó en 1974 con la publicación de un bello y detallado mapa geológico del país. Para poder crearlo, estudiaron todos los aspectos de la geología del país, incluyendo volcanes, recursos minerales y potencial geotérmico. Muchos geólogos de ese equipo estudiaron aspectos de la paleontología de El Salvador. Michael Schmidt-Thomé publicó un artículo técnico en 1975 describiendo la geología y características generales de los depósitos de diatomeas en el Sisimico. También en 1975, Wilhelm Lötschert y Karl Mädler publicaron un estudio detallado de las plantas fósiles del Sisimico. Hubo otro estudio en 1979 por Edwin Kemper y Hans Siegfried Weber de las rocas cretácicas de Metapán -con descripciones de los moluscos fósiles de un tiempo en que el área que ahora ocupa El Salvador estaba bajo el nivel del mar y los dinosaurios caminaban por la tierra.

A finales de los 70, tuve la oportunidad de contribuir al conocimiento de la paleontología de El Salvador como miembro de los Cuerpos de Paz de los Estados Unidos. Trabajé en el Museo de Historia Natural de El Salvador con la colaboración de la Unidad de Parques Nacionales y Vida Silvestre junto a un equipo de especialistas de otras áreas incluyendo otros voluntarios de los Cuerpos de Paz y el cuerpo de científicos del museo. El propósito de nuestra labor era desarrollar un mejor conocimiento en muchas áreas de la historia natural de El Salvador, apoyar los esfuerzos de la Unidad de Parques Nacionales y Vida Silvestre para preservar áreas valiosas y ayudar el museo a desarrollar exhibiciones y colecciones. Mi trabajo estaba enfocado a desarrollar colecciones, exhibiciones y material didáctico para el museo. Sin embargo, por la riqueza de los fósiles de El Salvador y las condiciones afortunadas que llevaron a su preservación en muchos lugares, no pude evitar el hacer descubrimientos de nuevos animales y sitios paleontológicos. En mis viajes por el país, durante más de dos años, visité y colecté fósiles en casi todos los departamentos. Tuve la suerte de contar con el apoyo de varios museos prestigiosos que, tras bambalinas, han contribuido a la comprensión del pasado antiguo de El Salvador, principalmente el Museo del Estado de la Florida (EUA), el Museo Real de Ontario (Canadá), el Instituto Smithsoniano (Washington DC, EUA), el Museo Americano de Historia Natural (Nueva York, EUA), y el Museo de Historia Natural del Condado de Los Ángeles (EUA).

Dentro del El Salvador nuestro equipo tuvo un tremendo apoyo del Ministerio de Educación y la Unidad de Parques Nacionales y Vida Silvestre. También contamos con la colaboración de personas interesadas y organizaciones del sector privado, en nuestros esfuerzos por entender mejor la historia natural del país. De los cientos que nos ayudaron en nuestra labor quiero específicamente mencionar a dos personas cuya asistencia continua, aun cuando dejé El Salvador, me animaron a seguir contribuyendo al estudio del pasado de El Salvador. Son mis amigos Francisco Serrano y el ya fallecido Víctor Hellebuyck.

Casi todo mi trabajo fue en tres sitios principales. En cada caso seguí los pasos de los científicos que me precedieron mientras avanzaba en el conocimiento de cada sitio. El arqueólogo Wolfgang Haberland, de Munich (Alemania), estaba estudiando el famoso arte rupestre de Las Grutas del Espíritu Santo cerca de Corinto, Morazán, en los años 70. Durante uno de sus trabajos de campo en el sitio se cruzó con unos dientes fósiles mientras exploraba la región en busca de más pinturas rupestres. Los dientes eran de caballos primitivos y me llevaron al rico sitio paleontológico de Corinto, que se discute más adelante en este libro.

Mi trabajo en el Sisimico estaba enfocado en colectar fósiles de calidad para exhibirlos en el Museo de Historia Natural de El Salvador. Durante una jornada en el Sisimico noté un fragmento de hueso en la arena a lo largo de una vereda. El fragmento era más pequeño que la diminuta uña de mi dedo. Más tarde, luego de horas de arduo trabajo con finos pinceles y exploradores dentales, tenía dos especímenes excelentes. Ese fragmento de hueso era parte de la mandíbula de un nuevo género de perezoso gigante. A pocos centímetros de ésta estaba la mandíbula de otra nueva especie de perezoso gigante. Si no los hubiera extraído, en menos de un año la erosión habría reducido ambos fósiles a miles de fragmentos diminutos e irreconocibles -tuve mucha suerte ese día. Científicos en el Museo del Estado de la Florida ayudaron con la conservación y el estudio de las dos mandíbulas de perezosos. Especialistas del Museo Real de Ontario ayudaron en los estudios de un murciélago fósil y las diatomeas que componen las rocas que contienen los fósiles.

Visité San Juan del Sur para colectar grandes huesos de mamíferos específicamente para la exhibición en el Museo de Historia Natural de El Salvador. No me desilusioné. Con un equipo de ocho excelentes trabajadores del museo y dos voluntarios, trabajamos por un mes sin parar y cuidadosamente extrajimos cientos de huesos, registrando cuidadosamente cada paso de la operación. Entre los descubrimientos estaba un gran fémur (hueso de la pierna) de un perezoso gigante que es probablemente uno de los más grandes hasta ahora encontrados en América. Con más de 4 metros de alto, estos enormes animales parecerían tan imponentes como un elefante africano de hoy en día.

Mi trabajo en esos sitios se documentó en dos publicaciones que se encuentran en la bibliografía de este libro. David Webb de la Universidad de Florida combinó su trabajo en Honduras con el mío en El Salvador y describimos juntos un panorama de la fauna antigua de los dos países, con una extraña y diversa mezcla de animales. Los estudios de los dos nuevos perezosos del Sisimico fueron publicados a través del Instituto Smithsoniano. El perezoso menor, *Megalonyx obtusidens*, pertenece a un género que fue descrito en el siglo XIX por el estadista y científico estadounidense Thomas Jefferson. Al perezoso más grande, que conformó un nuevo género, se le dio un nombre derivado de El Salvador -*Meizonyx salvadorensis*.

Cada vez que un sitio paleontológico salvadoreño se estudia en detalle, nuestra imagen del pasado se enriquece. Ahora, al principio del siglo 21, Juan Carlos Cisneros nos ha entregado un nuevo panorama del pasado de El Salvador, con el descubrimiento de animales nuevos para El Salvador en el Río Tomayate cerca de Apopa, departamento de San Salvador. Este nuevo yacimiento es uno de los cuatro más importantes sitios fosilíferos de El Salvador con una extensa lista de diferentes animales. Nos cuenta un relato de una tierra habitada por grandes mamíferos que nos hace pensar en los parques naturales africanos habitados por elefantes, hipopótamos, leones, rinocerontes y otros animales. Esa historia se encuentra en este libro así no hablaré más de ella aquí.

Estoy seguro de que Juan Carlos se ha planteado las mismas interrogantes que yo durante la búsqueda de nuevos fósiles y yacimientos. Frecuentemente me preguntaba si pudiera tener una máquina que pudiera ver dentro de la tierra y detectar los fósiles ahí enterrados. Cómo desearía que fuera así de fácil. El arte de encontrar fósiles recae sobre el entrenamiento en la ciencia de la geología y la experiencia. Hay un elemento de suerte y muchas veces muy buenos fósiles pueden ser encontrados yaciendo en el suelo al haberse erosionado recientemente la roca que los abrigaba. Encontrar fósiles, sin embargo, es sólo la primera parte de un proceso mucho más tedioso. El siguiente paso es conservarlos y entender qué significan. Por ejemplo, un diente fósil en un gabinete no es más que una roca interesante, pero el mismo diente puede decirnos que un perro carroñero parecido a una hiena vivió una vez en El Salvador. De hecho, esa es precisamente la historia contada por un único diente de un perro *Osteoborus* que encontré cerca de Corinto. *Osteoborus* literalmente significa "triturador de huesos" y este perro fósil de 70 a 90 kilos (150 a 200 libras) recibió su nombre por sus grandes y poderosas mandíbulas. Cuando la información de ese diente se combina con la de otros fósiles encontrados en el mismo sitio el panorama del pasado se enriquece. Este panorama, a su vez, se expande al compararlo con otros yacimientos similares en la región y alrededor del mundo.

La paleontología es una ciencia de mucha cooperación. La colaboración en la paleontología no está limitada sólo a la comunicación entre paleontólogos. Probablemente más que en otra ciencia natural, la paleontología recae en las habilidades de varios tipos de especialistas. Estudiamos la composición de las rocas que contienen los fósiles -éstas nos dicen cómo se formó la roca (por ejemplo: ¿fue un río, un ojo de agua o un lago?). Para hacer esto nos basamos en el conocimiento de otros geólogos. La ciencia de determinar la edad de las rocas es una rama de la geología con tecnologías muy avanzadas -y sus especialistas nos dan una estimativa de la antigüedad de las rocas. Los paleontólogos recaemos de sobremanera en los biólogos para ayudarnos a entender los propios animales y cómo cada individuo se articula en la comunidad de animales en la que vive. Especialistas en polen nos pueden decir cuáles eran los patrones de la vegetación (¿Era una sabana, un bosque seco o un bosque tropical?). Es tarea frecuente del paleontólogo el consultar y trabajar con todos estos especialistas para extraer juntos toda la historia contada por los fósiles.

Sólo he conocido a Juan Carlos por medio de la lectura de sus estudios científicos e intercambiando correo. Él sólo me conoce a través de mi trabajo en el museo y de fotografías tomadas hace 30 años (me veo más viejo ahora Juan Carlos). Sin embargo los paleontólogos somos fáciles de reconocer. Usted nos verá caminando por el campo con nuestros ojos fijos en el suelo que nos rodea -siempre buscando el siguiente fragmento de hueso que se asoma por la tierra y que nos llevará al descubrimiento del siguiente San Juan del Sur, Corinto, Sisimi-co o Tomayate. Juan Carlos es ahora el verdadero experto en el pasado remoto de El Salvador y con suerte, este libro despertará el interés de sus sucesores. Hay mucho por ser escrito en la historia de los seres vivos de El Salvador, y con cada nuevo capítulo la historia se vuelve cada vez mejor.

Steve Perrigo
Kirkland, Washington, Marzo de 2007
Curador de paleontología, Museo de Historia Natural de El Salvador, 1977-1979

Índice

Generalidades 2
Principales sitios paleontológicos de El Salvador 6
Hallazgo de fósiles a orillas del Tomayate 18
     Tortugas gigantes 21
     Tortugas de agua dulce 23
     Cocodrilos 25
     Aves 27
     Gliptodontes 29
     Armadillos gigantes 32
     Perezosos gigantes 36
     Conejos 42
     Lobos 44
     Toxodontes 47
     Mastodontes 49
     Caballos 58
     Venados 61
     Llamas 64
     Polen y madera fósil 68
Breve análisis de los fósiles del Tomayate 70
Bibliografía sobre paleontología de El Salvador 81
Glosario 83

Generalidades

¿Qué es un fósil?

La palabra fósil se origina del latín *fossǐlis* que literalmente significa "proveniente de una fosa", es decir, que ha sido extraído del suelo. En la ciencia esta palabra no se usa para cualquier objeto encontrado dentro de la tierra sino únicamente para restos de seres vivos muy antiguos. Debido a que nuestro planeta posee más de 4,000 millones de años, lo que un ser humano normalmente considera "antiguo" realmente no lo es en comparación con la edad de la Tierra. Por ejemplo, los restos de animales y plantas encontrados en el sitio arqueológico Joya de Cerén poseen "apenas" 1,400 años de edad y no se consideran fósiles. Generalmente se consideran fósiles a los restos de seres vivos más antiguos que el Holoceno, la época en que vivimos (ver tabla de tiempo geológico adelante). El Holoceno es una época que comenzó hace unos 11,000 años, con el fin de la Edad de Hielo. Muchos grandes mamíferos se extinguieron al terminar esa era glacial.

La ciencia que estudia los fósiles es la paleontología. Ésta no debe ser confundida con la arqueología; si bien ambas ciencias utilizan técnicas de trabajo similares, la arqueología posee un objeto de estudio muy diferente: los restos culturales antiguos (ejem.: herramientas, objetos de arte, "ruinas", etc.) y por lo tanto es una ciencia ligada a la presencia del ser humano, no a los fósiles. Tampoco debe ser confundida con la antropología, que se dedica al estudio de los aspectos físicos y sociales del ser humano actual. La paleontología y la antropología, sin embargo, pueden entrelazarse, por eso el paleontólogo que se especializa en el estudio de fósiles de homínidos (ancestros humanos) se denomina "paleoantropólogo".

¿Cómo sabemos qué tan antiguo es un fósil?

Los métodos para fechar un fósil se dividen en absolutos y relativos. La mayoría de los métodos absolutos (también llamados radiométricos) consisten en medir la cantidad del isótopo de algún elemento químico, cuya vida media conocemos (su vida media es el tiempo que tarda en transformarse en otro isótopo más estable) y que esté presente en la muestra

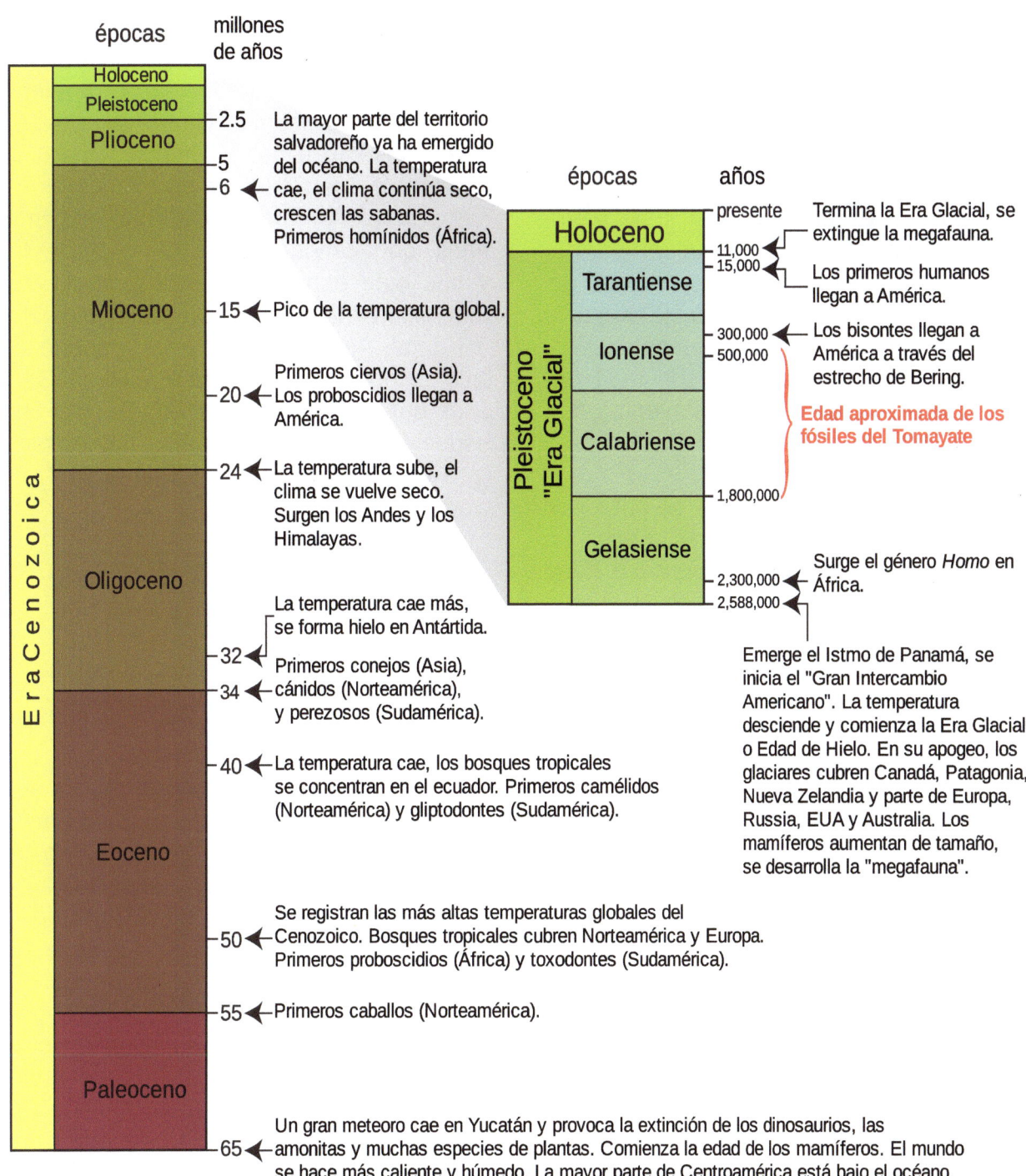

épocas   millones
          de años

Holoceno
Pleistoceno
2.5
Plioceno
5
6 ← La mayor parte del territorio
salvadoreño ya ha emergido
del océano. La temperatura
cae, el clima continúa seco,
crescen las sabanas.
Primeros homínidos (África).

épocas   años

presente ← Termina la Era Glacial, se
extingue la megafauna.

11,000 ←
15,000 ← Los primeros humanos
llegan a América.

Holoceno

Tarantiense

Mioceno
15 ← Pico de la temperatura global.

300,000 ← Los bisontes llegan a
500,000   América a través del
estrecho de Bering.

Ionense

Primeros ciervos (Asia).
20 ← Los proboscidios llegan a
América.

Edad aproximada de los
fósiles del Tomayate

Calabriense

24 ← La temperatura sube, el
clima se vuelve seco.
Surgen los Andes y los
Himalayas.

1,800,000

Pleistoceno "Era Glacial"

Gelasiense

Oligoceno

La temperatura cae más,
se forma hielo en Antártida.

2,300,000 ← Surge el género Homo en
2,588,000   África.

32 ← Primeros conejos (Asia),
34 ← cánidos (Norteamérica),
y perezosos (Sudamérica).

Emerge el Istmo de Panamá, se
inicia el "Gran Intercambio
Americano". La temperatura
desciende y comienza la Era Glacial
o Edad de Hielo. En su apogeo, los
glaciares cubren Canadá, Patagonia,
Nueva Zelandia y parte de Europa,
Russia, EUA y Australia. Los
mamíferos aumentan de tamaño,
se desarrolla la "megafauna".

40 ← La temperatura cae, los bosques tropicales
se concentran en el ecuador. Primeros camélidos
(Norteamérica) y gliptodontes (Sudamérica).

Eoceno

Se registran las más altas temperaturas globales del
50 ← Cenozoico. Bosques tropicales cubren Norteamérica y Europa.
Primeros proboscidios (África) y toxodontes (Sudamérica).

55 ← Primeros caballos (Norteamérica).

Paleoceno

Un gran meteoro cae en Yucatán y provoca la extinción de los dinosaurios, las
65 ← amonitas y muchas especies de plantas. Comienza la edad de los mamíferos. El mundo
se hace más caliente y húmedo. La mayor parte de Centroamérica está bajo el océano.

Era Cenozoica

A la izquierda se muestran algunos acontecimientos biológicos y geológicos que
ocurrieron durante la Era Cenozoica, la cual abarca los últimos 65 millones de años.
A la derecha, un detalle de los últimos 2.5 millones de años.

que se estudia, la cual puede ser un fragmento de fósil o de las rocas que lo rodean. Los métodos radiométricos pueden ser precisos pero suelen ser caros y no siempre aplicables a los fósiles en estudio, por lo cual no se usan con frecuencia. Un isótopo muy usado en arqueología es el Carbono[14]. Este método, sin embargo, no es tan usado por paleontólogos porque la vida media del Carbono[14] es de menos de 6,000 años, lo cual lo hace poco útil para fechar fósiles. Los paleontólogos utilizan con más frecuencia isótopos de otros elementos químicos, tales como Rubidio/Estroncio y Potasio/Argón, entre otros.

Los métodos relativos se basan en la estratigrafía para comparar la edad de un yacimiento con la de otro cuya edad ya conocemos. El principio de la estratigrafía es considerar que los estratos (las capas de la Tierra) inferiores son más antiguos que los superiores, de la misma manera que en una pila de revistas sabemos que las de abajo fueron colocadas antes que las de arriba. Los estratos pueden extenderse por cientos o miles de kilómetros y cuando se conoce la edad de un estrato (puede haber sido previamente fechado con un método radiométrico) sabemos automáticamen- te la edad de todos los fósiles contenidos en éste, aun y cuando hayan sido encontrados en sitios muy distantes entre sí. Al saber la edad de un estrato también sabemos que los fósiles encontrados en otros estratos que se encuentren abajo o arriba de éste son, respectivamente, más antiguos o más recientes.

Otro método relativo consiste en usar las especies fósiles encontradas para fechar un yacimiento. La antigüedad de muchas especies ya se conoce y la presencia de ellas en un sitio paleontológico nos ayuda a saber la edad de todo el sitio. Supongamos que en un yacimiento paleontológico encontramos los restos de diez especies de mamíferos, entre ellas los de un bisonte y los del felino de dientes de sable *Smilodon*. Como ya se sabe que el bisonte llegó a América hace 300 mil años y que *Smilodon* se extinguió durante la última era glacial hace 11 mil años, deducimos que todo el yacimiento y sus diez especies deben tener como mínimo 11 mil años y como máximo 300 mil años. Así es como se ha fechado el sitio paleontológico de la Hacienda San Juan del Sur (ver más adelante). Usar las especies para fechar un sitio paleontológico es la técnica más utilizada por los científicos.

¿Cómo sabemos qué aspecto tenía una especie extinta?

En primer lugar tenemos qué saber de qué especie se trata. La mayoría de veces todo lo que encontramos es un esqueleto incompleto, a menudo tenemos sólo un hueso o diente. Sin embargo, a partir de algunos huesos, y especialmente, a partir de los dientes, es posible identificar varias especies fósiles. Para esto es necesario hacer comparaciones anatómicas con las especies fósiles conocidas, basándose en los estudios que han sido publicados en las revistas técnicas por otros especialistas. También es necesario examinar personalmente los fósiles de otras especies (y para esto es necesario viajar hasta los países y los museos donde se encuentran) para poder hacer comparaciones detalladas y estar seguro de qué especie hemos encontrado. Una vez que sabemos, por ejemplo, que hemos encontrado los huesos del perezoso gigante *Meisonyx*, para tener una idea de como era su aspecto externo podemos estudiar a los perezosos actuales. A partir de ellos podemos saber algunas cosas, como, por ejemplo, que se trataba de un animal con mucho pelaje, que se movía lentamente, y que se alimentaba de vegetales (esto también lo sabemos a través del estudio de los dientes de *Megalonyx*). Como *Megalonyx* era mucho más grande que un perezoso actual, tendría que ser no sólo más pesado sino también más robusto, y por lo tanto, no podría subirse a los árboles como lo hacen los perezosos de hoy en día. Más bien tendría que forrajear en posición bípede, así como lo hacen los osos pandas. Como tenía largos y fuertes miembros posteriores, era un animal que podría adoptar una posición bípede sin problemas.

Pero hay cosas que no podemos saber hoy, y que quizá nunca sabremos. Una de ellas es qué colores tenía el pelaje de un perezoso gigante. Aquí el terreno es de los artistas, pues es necesario darles colores para poder representarlos, aún y cuando no los conozcamos. Los artistas también suelen basarse en la apariencia de las especies vivientes más próximas. Por ejemplo, un perezoso podría tener colores parecidos a los perezosos de hoy. Un caballo extinto podría tener colores como los de los caballos, burros y cebras de hoy. Los mastodontes y los gliptodontes podrían tener colores parecidos a los elefantes y armadillos de hoy en día, respectivamente.

Pero hay especies fósiles que no dejaron descendientes. En esos casos, lo que hacemos es basarnos en el aspecto de los animales más parecidos que existen hoy en día, aun y cuando sabemos que no son parientes de éstas. Por ejemplo, un toxodonte no tiene parientes vivientes, pero sabemos, por su anatomía, que era un animal cuadrúpedo grande, corpulento y capaz de correr. Lo más parecido hoy en día sería un rinoceronte, y es por eso que en este libro le hemos dado los colores de un rinoceronte. De la misma manera, un perezoso gigante también podría tener los colores y una apariencia general semejantes a las de un oso panda, pues éste se trata de un animal que tiene un modo de vida, es decir, un papel ecológico, muy parecido al que tenían los perezosos gigantes.

Principales sitios paleontológicos de El Salvador

Rocas calizas en la región fosilífera de Metapán.

El Salvador es rico en yacimientos paleontológicos. Así lo confirman los reportes presentados en 1924 por Jorge Lardé y Arthés, y en 1950 por Jorge Lardé y Larín, quienes documentaron más de 40 sitios en todo el territorio salvadoreño. La mayoría de yacimientos se encuentran en el norte de El Salvador, debido a que las tierras cercanas al litoral son muy recientes para albergar fósiles. Si bien son abundantes, sin embargo, muy pocos de estos sitios han sido estudiados en detalle. Los sitios paleontológicos más importantes del territorio salvadoreño se describen a continuación.

Hans-Siegfried Weber reportaron la presencia en estas rocas calizas de numerosos ejemplares de dos nuevas especies de moluscos fósiles, el amonite *Calycoceras salvadorense* y el bivalvo *Exogyra laeviplexiana*. Estos moluscos marinos habitaron Metapán cuando todo nuestro territorio yacía bajo el nivel del mar. Los fósiles de Metapán son del período Cretácico Temprano y poseen unos 95 millones de años.

Corinto

Sitio paleontológico ubicado en el valle del Río Torola, en el Departamento

El molusco bivalvo *Exogyra laeviplexiana*, de Metapán. Cada concha posee de 2 a 3 cm de diámetro.

Metapán

La presencia de fósiles en Metapán, Departamento de Santa Ana, fue documentada por la Misión Geológica Alemana que a pedido del gobierno salvadoreño realizó investigaciones a mediados del siglo XX en nuestro territorio. Los estratos de Metapán constituyen las rocas más antiguas de El Salvador. En 1979, Edwin Kemper y

de Morazán. Este yacimiento fue trabajado por Stephen Perrigo a finales de los 70. No debe ser confundido con el sitio arqueológico del mismo nombre, también ubicado en el Departamento de Morazán, que abriga grutas con arte rupestre. En Corinto se encontraron restos de un lobo-hiena (*Osteoborus cynoides*), un pequeño mastodonte de cuatro colmillos (*Rhyncotherium blicki*), dos especies de caballos fósiles (*Cormohipparion* cf. *occidentale* y *Pliohippus hondurensis*) y un camello gigante (*Procamelus* cf. *grandis*). Corinto es un sitio formado en el Mioceno Tardío (entre 7 y 8 millones de años de antigüedad) por lo que sus paleovertebrados son los más antiguos conocidos en el país.

Fósiles de Corinto. Arriba, un molar del lobo-hiena *Osteoborus cynoides*, abajo, un molar del caballo fósil *Cormohipparion* cf. *occidentale*. Miden unos 2.5 cm de largo.

Barranca del Sisimico

Este sitio se ubicada en el Departamento de San Vicente, a orillas del río Sisimite o Sisimico (también escrito "Zizimico" o "Tzitzimico"). Es el yacimiento más estudiado de El Salvador. Los fósiles de esta localidad seguramente ya eran conocidos por los habitantes pre-hispánicos de El Salvador, pues su nombre se deriva del náhuat sisimit (gigante o duende) y co (lugar), que se puede traducir como "Lugar del Gigante". Por lo tanto, el nombre "Sisimico" parece ser una referencia a los huesos de megamamíferos ahí encontrados. La presencia de plantas, inverte-

Vista de la barranca en el río Sisimico.

brados y vertebrados fósiles en esta localidad fue reportada por investigadores salvadoreños en las primeras décadas del siglo XX. De los 50 a los 70, el sitio fue objeto de estudios por científicos mexicanos y alemanes, quienes describieron en detalle la geología, la flora y fauna acuática del pasado.

La mayoría de fósiles en este sitio ocurren en diatomita, una roca que debe su nombre a que está formada por los restos silíceos de varias especies de diatomeas (algas microscópicas), lo que muestra que el origen de este yacimiento fue un antiguo lago. En las diatomitas se han encontrado, magníficamente preservados, los fósiles de más de 40 especies de plantas, dos especies de chimbolos, un murciélago, ranas, varios insectos, crustáceos y caracoles. La mayoría de estos restos corresponden a especies aun vivientes pero algunos son especies fósiles nuevas para la ciencia. Las rocas de areniscas que también ocurren en este sitio albergan megafauna: tortugas terrestres gigantes, perezosos gigantes, mastodontes, toxodontes y ciervos. En 1985, David Webb y Stephen Perrigo reportaron dos nuevas especies de perezosos gigantes provenientes de este sitio: *Meizonyx salvadorensis* y *Megalonyx obtusidens*. La edad de los fósiles del Sisimico se estima como Pleistocena Temprana, es decir entre 700,000 y 1.8 millones de años atrás.

Chimbolo fóssil (família Poecilidae) encontrado en la Barranca del río Sisimico.

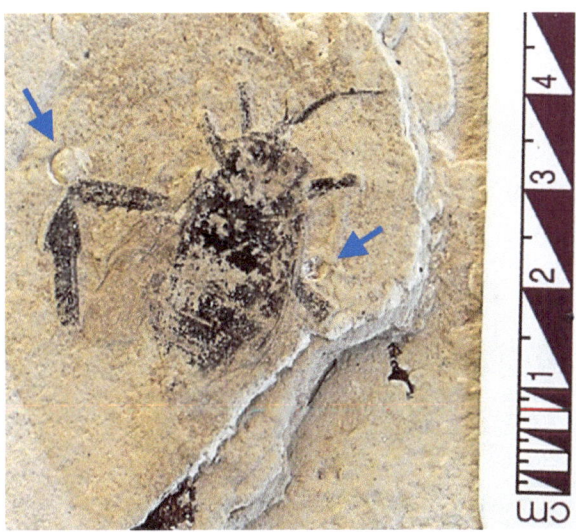

Una chinche acuática y pequeños caracoles (señalados por flechas).

Hojas de izcanal (*Acacia hindsii*) del Sisimico.

Mandíbula parcial de un toxodonte encontrado en el Sisimico. Mide 30 cm.

Fragmento de molar del mastodonte *Cuvieronius* encontrado en la Barranca del Sisimico.

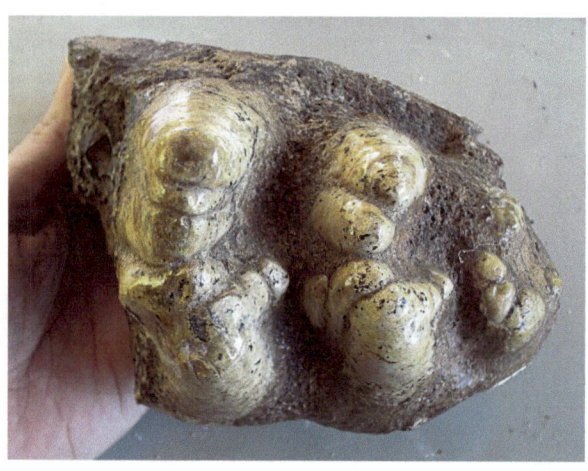

9

Dos ranas fósiles encontradas el Sisimico. La más grande mide 15 cm de largo. (cortesía de Stephen Perrigo).

Una abeja fósil del Sisimico (cortesía de Stephen Perrigo).

Funcionarios del Área Nacional Protegida de La Joya (Departamento de San Vicente) y el autor, examinando fósiles de megamamíferos del Sisimico.

La excavación de las mandíbulas de los perezosos gigantes *Meizonyx salva-dorensis* y *Megalonyx obtusidens* en 1979 (cortesía de Stephen Perrigo).

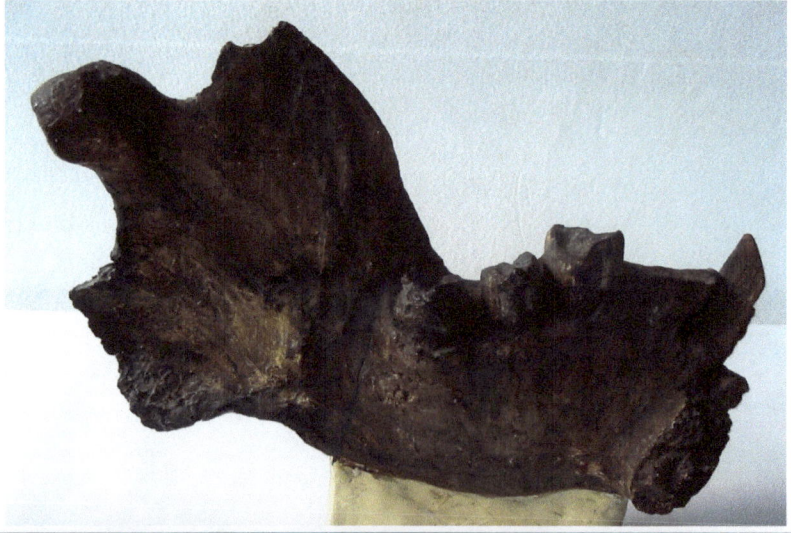

A la derecha, la mandíbula izquierda de *Meizonyx salvadorensis* (réplica) (cortesía de Stephen Perrigo).

San Juan Buenavista y La Criba

Estos sitios se encuentran ubicados en las cercanías del río Pampe, cerca de la divisa entre los departamentos de Ahuachapán y Santa Ana. Las investigaciones en el Cantón San Juan Buenavista, Departamento de Ahuachapán, fueron conducidas por Tomás Fidias Jiménez en los 50, quien reportó, entre otros hallazgos, un esqueleto bastante completo de un mastodonte. Por desgracia los fósiles por él encontrados, los cuales estuvieron depositados en el Museo Nacional de Antropología, parecen haberse extraviado. En 2002, un equipo de la Universidad de El Salvador (UES, Facultad Multidisciplinaria de Occidente) y el autor visitaron San Juan Buenavista y constataron la presencia de más fósiles; así como en el Caserío La Criba, a pocos kilómetros, en el Departamento de Santa Ana. Aquí se encontraron restos de mastodontes, caballos, tortugas y caracoles, que aguardan un estudio detallado. La edad de estos sitios es probablemente Pleistocena.

Arriba, Tomas Fidias Jiménez (1906-2004), uno de los pioneros de la paleontología salvadoreña, trabajando en la excavación de un mastodonte en el Cantón San Juan Buenavista, Ahuachapán. Tomado de la revista Cultura N° 13, 1958. Abajo, equipo de la UES extrayendo fósiles en el Cantón San Juan Buenavista, en 2003

Arriba, un equipo de la UES extrayendo fósiles en el caserío La Criba en 2003. A la derecha, fósiles de La Criba: un diente de caballo, de 2.5 cm de ancho (*Equus* sp.); y un caracol Planorbideae de 1 cm de diámetro.

Hacienda San Juan del Sur (El Hormiguero)

La región fosilífera dentro de esta hacienda abarca un área entre los departamentos de San Miguel y Morazán. Los primeros trabajos de investigación en este sitio fueron hechos a principios del siglo XX por Jorge Lardé y Arthés, quien realizó un levantamiento geológico preliminar del área y mencionó la presencia de megamamíferos en un informe presentado al Ministerio de Instrucción Pública de El Salvador en 1917. La región fue objeto de excavaciones en los años 40 por Ruben Stirton y William Gealey de la Universidad de California, y por

Stephen Perrigo en los 70. La fauna reportada para San Juan del Sur consiste en tortugas terrestres gigantes (*Hesperotestudo*), toxodontes (*Mixotoxodon*), mastodontes (*Cuvieronius*), camellos fósiles, bisontes (*Bison*), felinos de dientes de sable (*Smilodon*), perezosos gigantes (*Eremotherium*), carpinchos fósiles (*Neochoerus*) y caballos fósiles (*Equus*). Esta fauna es característica del Pleistoceno Tardío, la época que comprende entre 11,000 y 126,000 años atrás.

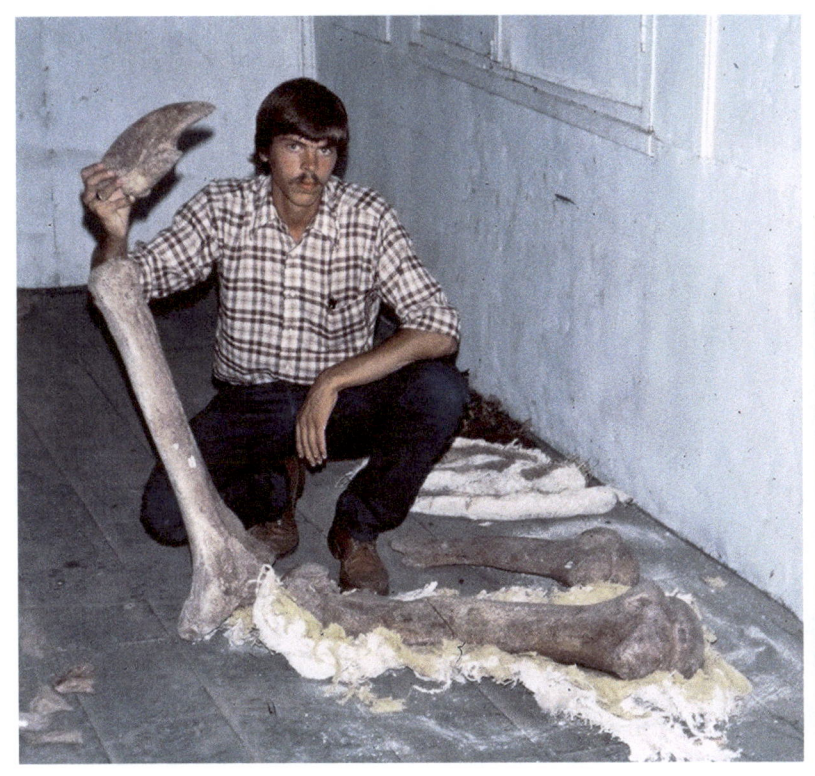

A la derecha, Stephen Perrigo mostrando las dimensiones de un brazo del perezoso gigante *Eremotherium*, abajo, trabajando en la excavación de restos de *Eremotherium* en San Juan del Sur, en 1979 (cortesía de Stephen Perrigo). Tomadas en 1979

Arriba a la zquierda: Don Francisco Fuentes, propietario de la Hacienda San Juan del Sur durante las excavaciones realizadas por Ruben Stirton y William Gealey en los 40s, y por Stephen Perrigo en los 70s. En esta fotografía sostiene una garra del perezoso gigante *Eremotherium*. Arriba, a la derecha: fósiles recién extraidos de San Juan del Sur. Abajo: Stephen Perrigo mostrando las dimensiones de un brazo de *Eremotherium*. Todas las fotos tomadas en 1979 (cortesía de Stephen Perrigo).

EL SALVADOR, C. A.
25 c.
CORREOS
AEREO
PEREZOSO GIGANTE   Eremotherium sp.
DIRECCION DE SERVICIOS GRAFICOS

EL SALVADOR, C. A.
30 c.
CORREOS
TOXODONTE   Toxodon sp.
DIRECCION DE SERVICIOS GRAFICOS

EL SALVADOR, C. A.
10 c.
CORREOS
MASTODONTE   Gomphotherium sp.
DIRECCION DE SERVICIOS GRAFICOS

EL SALVADOR, C. A.
20 c.
CORREOS
TIGRE DIENTES DE SABLE   Smilodon sp.
DIRECCION DE SERVICIOS GRAFICOS

EL SALVADOR, C. A.
15 c.
CORREOS
AEREO
MAMUT   Mammuthus sp.
DIRECCION DE SERVICIOS GRAFICOS

EL SALVADOR, C. A.
¢ 2.
CORREOS
AEREO
LOBO HIENA   Osteoborus cynoides
DIRECCION DE SERVICIOS GRAFICOS

Serie de estampillas lanzada en 1979 por la Dirección General de Correos de El Salvador para divulgar los descubrimientos paleontológicos en el país.

Hallazgo de fósiles
a orillas del Tomayate

En la paleontología muchas veces los grandes descubrimientos se realizan por accidente y por personas ajenas a esta ciencia. La presencia de fósiles en la tierra no es tan rara como normalmente se piensa y de hecho muchas personas por todo el mundo ven fósiles todos los días sin darse cuenta de ello. Por su apariencia tosca y su coloración poco usual, normalmente los huesos fósiles son confundidos con simples rocas, raíces o pedazos de tronco, e incluso pueden ser confundidos con restos de animales actuales. Sin embargo en 1999 al caminar por la orilla del río conocido como Urbina o Tomayate*, Don Teófilo Reyes Chavarría, un albañil residente en Apopa, notó algo extraño saliendo de la tierra parecido a un diente, lo cual llamó su atención. Con curiosidad y mucho cuidado él se dedicó a extraerlo de la tierra y cuál no fue su asombro al comprobar que se trataba de un enorme diente molar ¡más grande que la palma de su mano! La donación, bastante tiempo después, de este

*La palabra "Tomayate" se deriva del náhuat *tumat*, tomate; *ya*, abundancia y *at*, agua; puede traducirse como "río donde abundan los tomates".

El primer fósil descubierto por Teófilo Reyes Chavarría, un molar del mastodonte *Cuvieronius tropicus*.

diente y otros huesos al Museo de Historia Natural del El Salvador (MUHNES), así como la valiosa cooperación que Don Teófilo prestó al autor y a un equipo de técnicos del MUHNES, hizo posible la excavación y posterior investigación de lo que resultó ser el depósito de vertebrados más rico de Centroamérica. Gracias a la curiosidad y al empeño de Don Teófilo, miles de huesos fosilizados se han recuperado en el Tomayate desde el inicio de las excavaciones en 2001.

Teófilo Reyes Chavarría trabajando en las excavaciones de los fósiles del Tomayate. Colaboró por tres meses en las excavación realizada por el Museo de Historia Natural de El Salvador en 2001 y encontró muchos fósiles.

Vista general del sitio paleontológico a orillas del río Tomayate, durante las excavaciones realizadas por el Museo de Historia Natural de El Salvador en 2001.

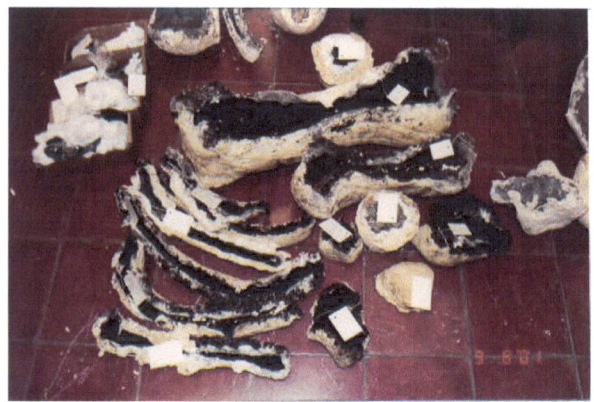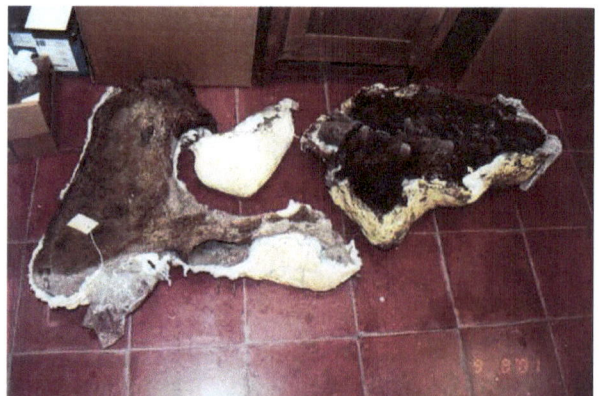

El resultado de un típico día de excavación en el Tomayate: decenas de fósiles, los más pequeños en cajas de cartón, los más grandes en cápsulas de yeso.

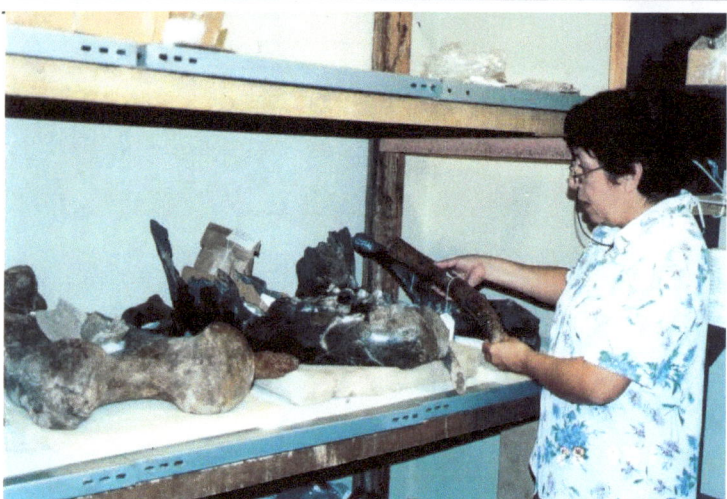

Fósiles del Tomayate después de haber pasado por un proceso de limpieza y conservación a cargo de Leticia Escobar (presente en la foto).

Algunos fósiles del Tomayate en exhibición en el MUHNES. Al igual que en la mayoría de los museos, debido a limitaciones de espacio y a la fragilidad de los fósiles, sólo se exhibe una pequeña parte de éstos, y la gran mayoría permanece en los depósitos.

Tortugas gigantes

Dentro del género *Hesperotestudo* se incluyen algunas de las tortugas terrestres más grandes que han existido. *Hesperotestudo crassiscutata* es la tortuga más grande que habitó Norteamérica durante el Pleistoceno, se estima que llegaba a pesar unos 360 kilogramos (800 libras). Sus restos se han encontrado en varios yacimientos del Pleistoceno en el sur de EUA. En el Tomayate se han encontrado placas del carapacho y vértebras de esta especie extinta. *Hesperotestudo crassiscutata* tenía un aspecto muy semejante a las grandes tortugas que actualmente habitan en las islas Galápagos, con las cuales se encuentra emparentada.

Placas del carapacho de *Hesperotestudo crassiscutata*, la placa del centro mide 22 cm de largo.

Clasificación	Información general
Cryptodira	Tamaño: 1.5 m de largo aproximado (longitud del carapacho)
Testudinidae	Alimentación: herbívora
Nombre científico: *Hesperotestudo crassiscutata*	Distribución: Norteamérica y Centroamérica
Nombre común: Tortuga gigante	Estatus: extinto

Reconstrucción artística de la tortuga gigante *Hesperotestudo crassiscutata*.

Comparación del tamaño de *Hesperotestudo crassiscutata* y un humano de 1.70 m de altura.

Tortugas de agua dulce

Entre los restos óseos más comunes en el Tomayate se encuentran cientos de placas aisladas provenientes del carapacho de pequeñas tortugas de agua dulce. La mayoría de estas placas han sido encontradas por medio del tamizado exhaustivo de la tierra que acompaña los restos óseos de los megamamíferos del Tomayate. A pesar de la abundancia de estos restos aún no se ha podido identificar el género o la especie al que pertenece la mayoría de fósiles de tortugas ya que el estado desarticulado de los carapachos hace muy difícil las comparaciones anatómicas. Debido a eso todavía no sabemos si las pequeñas tortugas del Tomayate constituyen especies extintas o vivientes. Podemos afirmar por el momento que se trata de tortugas que pertenecen al grupo de las Emydidae, en el que se incluyen muchas especies vivientes de Centroamérica. Apenas una placa de plastrón se ha podido atribuir al género *Kinosternon*, en el que se incluyen las pequeñas tortugas "candado" y "casquito" entre otras.

Placas del carapacho de tortugas de agua dulce, la mayor mide 14 cm de largo.

La tortuga viviente *Kinosternon arizonae* (fotografía por Tom C. Brennan).

Una tortuga emídida, *Trachemys galgeae* (fotografía por Gary M. Stolz).

Clasificación	Información general
Cryptodira	Tamaño: tortugas pequeñas, los carapachos de varias especies no pasan de 20 cm de largo
Kinosternidae	Alimentación: carnívora
Nombre científico: *Kinosternon* sp.	Distribución: de EUA a la Amazonia
Nombre común: tortuga de agua dulce, tortuga candado, tortuga casquito	Estatus: viviente (género)

Clasificación	Información general
Cryptodira	Tamaño: variable
Emydidae	Alimentación: variable
Nombre científico: Emydidae indeterminada	Distribución: América
Nombre común: tortuga de agua dulce	Estatus: viviente (familia)

Cocodrilos

En el Tomayate se han encontrado fósiles de *Crocodylus acutus*, el cocodrilo americano, una especie viviente y de gran tamaño. Los restos recuperados consisten en placas óseas –que pueden ser de la región del dorso, de la nuca o de la cola– dientes, y fragmentos de cráneo, los cuales pertenecieron a varios ejemplares. También se ha encontrado la impresión de una mordida que éste dejó plasmada en una costilla de mastodonte, la cual constituye un documento magistral sobre la alimentación de este reptil. Los restos del cocodrilo americano extraídos del Tomayate son de gran valor pues representan los únicos fósiles de esta especie encontrados hasta ahora en toda América y nos permiten saber que la especie ya existía desde el Pleistoceno Temprano.

Arriba, fragmento de hueso maxilar de un cocodrilo, los espacios circulares portaban dientes; abajo, dientes de cocodrilo.

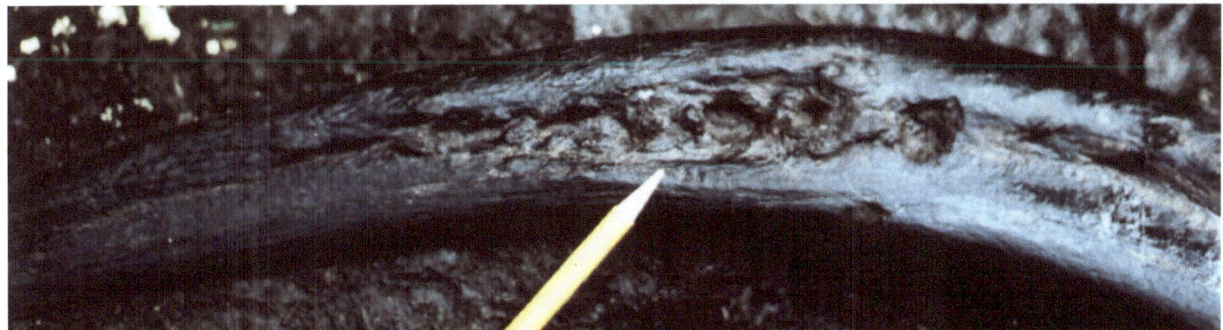

Mordida de cocodrilo en una costilla de mastodonte. Esta mordida se produjo cuando el mastodonte ya estaba muerto y sus costillas se encontraban separadas del resto del esqueleto. El objeto que aparece en la foto es un portaminas.

El cocodrilo americano (fotografía por Ricardo Ibarra Portillo).

Clasificación	Información general
Crocodylia	Tamaño: hasta 5 m de largo (machos)
Crocodylidae	Alimentación: carnívora
Nombre científico: *Crocodylus acutus*	Distribución: del sur México al norte de Colombia y Venezuela, islas del Caribe
Nombre común: cocodrilo americano	Estatus: viviente

Aves

Los huesos de las aves pesan muy poco debido a que soy bastante huecos y gráciles. Ésta es una adaptación para el vuelo que por desgracia para los paleontólogos los vuelve muy frágiles. Por su extrema delicadeza no se fosilizan fácilmente y constituyen un hallazgo muy raro en los yacimientos paleontológicos. En el Tomayate se han recuperado apenas dos huesos de aves, éstos son un húmero y una fúrcula (hueso de la suerte) que pertenecieron a un ganso silvestre, cuya especie no ha podido ser identificada. El único reporte previo de aves fósiles en Centroamérica lo constituían los restos de un pato real (*Cairina moschata*) provenientes del sitio El Hatillo, en Panamá, de edad Pleistocena Tardía.

Arriba, fúrcula o hueso de la suerte (mitad izquierda) de un ganso, mide 5 cm. Abajo, húmero del mismo ganso, mide 16.5 cm de largo.

Un ganso silvestre actual, *Anser caerulescens* o ganso de las nieves (fotografía por Adrian Pingstone).

Clasificación	Información general
Anseriformes	Tamaño: variable, de 50 cm a 1 m de largo
Anatidae	Alimentación: herbívora u omnívora
Nombre científico: cf. *Anser* sp.	Distribución: Norteamérica y Eurasia
Nombre común: ganso	Estatus: viviente (género)

Gliptodontes

Pocos animales extintos eran tan bizarros como los gliptodontes. Eran parientes cercanos de los cusucos de hoy en día aunque de mucho mayor tamaño; las especies más grandes de gliptodontes alcanzaban el tamaño de un carro pequeño. Al igual que los armadillos, los gliptodontes poseían un carapacho para su protección, aunque era mucho más rígido pues no poseía las bandas que le otorgan flexibilidad al carapacho de los armadillos. La cola de los gliptodontes estaba revestida por pesadas placas óseas y en algunas especies el extremo de la cola estaba constituido por un mazo revestido de púas que poseía una función defensiva. La gruesa armadura de los gliptodontes constituía una excelente protección contra los predadores del Pleistoceno, tales como los lobos y los felinos con dientes de sable. A juzgar por su dentición y sus garras debieron tener una alimentación muy variada consistente de hierbas, frutos, tubérculos, invertebrados y/o huevos. Al igual que los armadillos, los gliptodontes se originaron en Sudamérica, donde se desarrollaron muchos géneros y especies, algunas de las cuales lograron llegar a Centro y Norteamérica después del surgimiento del Istmo de Panamá. El gliptodonte encontrado en el Tomayate es *Glyptotherium arizonae*, que como su nombre lo indica, es una especie que fue descubierta en Arizona, EUA. Éste era un gliptodonte de grandes proporciones, con una cola corta y muy gruesa, sin el mazo que caracteriza a otros géneros. En el Tomayate se han encontrado cientos de placas óseas del carapacho y la cola de *Glyptotherium arizonae*, así como algunos restos dentales y craneanos. Estas placas pueden poseer de uno a varios centímetros de espesor y varían considerablemente en su forma según la posición que ocupaban en el carapacho o la cola del gliptodonte. A pesar de ser numerosas, es posible que la mayoría de estas placas óseas pertenezcan a unos pocos individuos, ya que el carapacho de un solo gliptodonte está compuesto por miles de ellas, las cuales después de su muerte se desprenden fácilmente por la descomposición y la intemperie. La presencia de *Glyptotherium arizonae* en el Tomayate ha contribuido a conocer la edad del sitio.

Dientes del gliptodonte del Tomayate, *Glyptotherium arizonae*. Miden 2 cm de largo. El nombre "gliptodonte" significa en griego algo así como "diente con canales", y se refiere a largos surcos que van desde la corona a la raíz, los cuales les dan a los dientes el aspecto ondulado que vemos en las fotos.

28

Placas y porciones del carapacho y la cola del gliptodonte *Glyptotherium arizonae*. La porción más grande mide 16 cm de largo. Las placas más gruesas miden hasta 5 cm de espesor.

Clasificación	Información general
Xenarthra	Tamaño: 2.5 m de largo, 1.5 m de alto
Glyptodontidae	Alimentación: omnívora
Nombre científico: *Glyptotherium arizonae*.	Distribución: de EUA a El Salvador
Nombre común: gliptodonte de Arizona	Estatus: extinto

Reconstrucción artística del gliptodonte *Glyptotherium arizonae*.

Comparación del tamaño de *Glyptotherium arizonae* y un humano de 1.70 m de altura.

Armadillos gigantes

Los armadillos (o cusucos, como se les conoce en Centroamérica), son parientes de los pretéritos gliptodontes. Aunque estamos acostumbrados a ver a los armadillos como animales de pequeño porte, algunos armadillos que vivieron en el Pleistoceno adquirieron grandes dimensiones, casi alcanzando el tamaño de los gliptodontes.

Como se menciona en el capítulo anterior, podemos reconocer a los armadillos y a los gliptodontes, entre otras cosas, por la estructura de su caparazón, el cual es móvil en los primeros, y rígido en los últimos, además, este caparazón es más estrecho en los armadillos, mientras que en los gliptodontes es bastante ancho, casi esférico. Otra diferencia la constituye la forma de sus cráneos, siendo el hocico bastante corto en los gliptodontes y alargado en los armadillos. Sus dientes también difieren, en los armadillos las coronas son ligeramente rectangulares, ovales o en forma de riñón, mientras que en los gliptodontes las coronas poseen profundos pliegues. Las placas que constituyen sus armaduras también nos ayudan a reconocerlos, pues son en general más finas en los armadillos, y algunas de ellas (las que componen las bandas del medio del caparazón) son largas y rectangulares.

Al igual que sus parientes actuales, los armadillos gigantes del pasado también excavaban madrigueras. Y éstas tenían un tamaño proporcional al de sus dueños. En Brasil se han descubierto paleo-madrigueras (como se les conoce) construídas por estos animales, de 100 m de largo.

En el Tomayate se han encontrado los restos de dos de estos armadillos, *Holmesina septentrionalis*, y *Propraopus* sp. El género *Holmesina* pertenece a un grupo de armadillos extintos conocidos como pampaterios ("bestias de los pampas") cuyas especies eran de gran porte. En cambio, *Propraopus* (Vaya nombre difícil de pronunciar...) es miembro de los dasipódidos, por lo que es un pariente muy cercano de los armadillos actuales, aunque más grande que éstos. Una de las características principales de *Holmesina* era la presencia de tres bandas en medio de su caparazón, mientras que *Propraopus* poseía siete bandas.

Placa ósea del armadillo gigante *Holmesina septentrionalis*, algunos minutos después de haber sido descubierta en el Tomayate.

Arriba: Placas óseas del caparazón del armadillo gigante *Holmesina septentrionalis*. La más larga mide 6 cm. Derecha: Placas óseas del caparazón del armadillo gigante *Propraopus* sp. La más pequeña mide 1.75 cm.

Reconstrucción artística del armadillo gigante *Propraopus* sp.

Clasificación	Información general
Xenarthra	Tamaño: 1.5 m de largo, 70 cm de alto
Dasypodidae	Alimentación: omnívora
Nombre científico: *Propraopus* sp.	Distribución: Centroamérica y Sudamérica
Nombre común: armadillo gigante	Estatus: extinto

Reconstrucción artística del armadillo gigante *Holmesina septentrionalis*

Clasificación	Información general
Xenarthra	Tamaño: 2 m de largo, 1 m de alto
Pampatheriidae	Alimentación: omnívora
Nombre científico: *Holmesina septentrionalis*	Distribución: de EUA a Costa Rica
Nombre común: pampaterio, armadillo gigante	Estatus: extinto

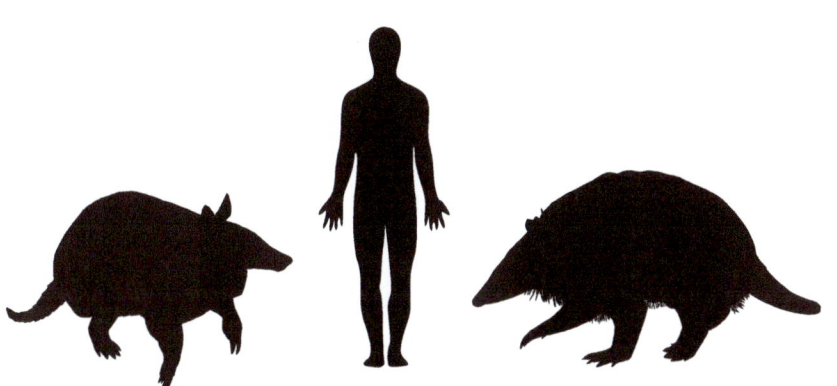

Comparación del tamaño de *Propraopus* sp. (izquierda), *Holmesina septentrionalis* (derecha) y un humano de 1.70 m de altura.

Perezosos gigantes

Bajo el nombre "perezosos" incluimos muchas especies de mamíferos herbívoros de origen sudamericano de gran diversidad. Los perezosos evolucionaron por millones de años y han ocupado diversos nichos ecológicos. Además de las dos especies de pequeños perezosos arborícolas que viven hoy en día, existieron varias otras de mayores dimensiones que permanecían en tierra firme. Estos animales se desplazaban usando sus cuatro extremidades pero podían alimentarse en posición bípeda para poder alcanzar las ramas más tiernas de los árboles y arbustos. Poseían grandes garras que les servían tanto para obtener alimento como para defenderse de los depredadores. Entre estos perezosos se encuentran los glosoterios y los megaloníquidos (¡qué complicados estos nombres!) los cuales medían aproximadamente unos dos metros y medio de altura en posición erecta. Los más grandes perezosos fueron los apropiadamente llamados megaterios* los cuales llegaban a medir unos cinco metros de largo y más de cuatro metros de altura en posición bípeda (altura equivalente a una casa de dos pisos), alcanzando un peso de unas 5 toneladas. Por su gran tamaño y corpulencia, es muy difícil que los megaterios hayan poseído depredadores, con la posible excepción de los primeros humanos que llegaron a América. En el Tomayate se han descubierto megaloníquidos y megaterios. Los restos de megaloníquidos consisten en algunos dientes molares que pertenecen al género *Megalonyx†*. Los megaterios del Tomayate pertenecen al género *Eremotherium*, del cual se han encontrado restos de varios individuos, incluyendo un esqueleto parcial en estado articulado.

Molar de *Eremotherium*. A pesar de su gran tamaño, los dientes de los perezosos gigantes no son muy resistentes, lo que nos indica que no podían comer plantas muy fibrosas (como el zacate). Seguramente preferían hojas suaves y frutos.

Megatherium significa en griego "gran bestia".
†*Megalonyx* significa en griego "gran garra".

Arriba, mandíbula de *Eremotherium*. Mide 50 cm de largo. Abajo, el autor trabajando en la excavación de un esqueleto del perezoso gigante *Eremotherium*.

Arriba, a la izquierda, astrágalo (ojo del pie) de *Eremotherium.* Mide 20 cm de largo. Arriba, a la derecha, molar de *Megalonyx*, en diferentes vistas, posee 2 cm de ancho. Abajo, esta columna vertebral de un perezoso gigante es un caso excepcional en el Tomayate, donde la mayoría de los fósiles se encuentran en estado desarticulado.

Reconstrucción artística del perezoso gigante *Eremotherium.*

Reconstrucción artística del perezoso gigante *Megalonyx*.

Comparación de los tamaños de los perezosos gigantes del Tomayate y un humano de 1.70 m de altura.

Clasificación	Información general
Xenarthra	Tamaño: casi 3 m de largo, unos 2 m de alto en posición bípeda
Megalonychidae	Alimentación: herbívora
Nombre científico: *Megalonyx* sp.	Distribución: de EUA a El Salvador
Nombre común: perezoso gigante	Estatus: extinto

Clasificación	Información general
Xenarthra	Tamaño: 5 m de largo (unos 4 m de altura em posición bípeda)
Megatheriidae	Alimentación: herbívora
Nombre científico: *Eremotherium* sp.	Distribución: Sudamérica, Centroamérica, México y EUA
Nombre común: megaterio o perezoso gigante	Estatus: extinto

Conejos

Los conejos y liebres constituyen un grupo familiar de mamíferos con características similares a las de los roedores y de los cuales se distinguen principalmente por poseer dos pares de dientes incisivos (solo hay un par en los roedores). Los conejos llegaron a América procedentes de Asia al final del Eoceno, hace unos 35 millones de años. La presencia de conejos fósiles en el Tomayate está indicada por el hallazgo de una pequeña pelvis. Ésta pertenece al género viviente *Sylvila-*

gus el cual habita casi todo el continente americano y se encuentra representado por 13 especies vivientes. Todavía no ha sido posible determinar la especie encontrada en el Tomayate aunque probablemente se trate de *Sylvilagus floridanus*, la única de éste género conocida en Centroamérica.

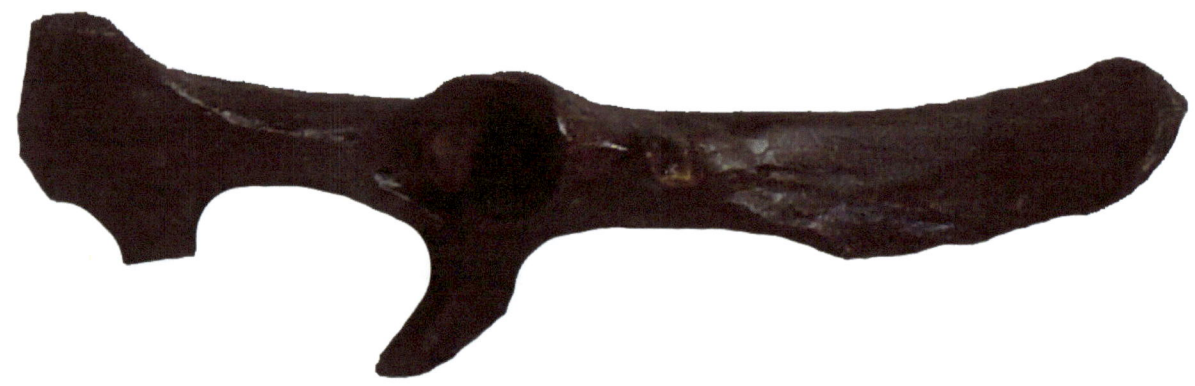

La delicada pelvis del conejo *Sylvilagus* cf. *floridanus* del Tomayate, mide poco mas de 6 cm de largo.

El conejo *Sylvilagus floridanus* (fotografia por William R. James).

Clasificación	Información general
Lagomorpha	Tamaño: 45 cm de largo aproximado
Leporidae	Alimentación: herbívora
Nombre científico: *Sylvilagus* cf. *floridanus*	Distribución: del sur de Canadá a Colombia y Venezuela
Nombre común: conejo	Estatus: viviente

Lobos

Los cánidos, el grupo al cual pertenecen los lobos, coyotes, zorros y el perro doméstico, se originaron en Norteamérica durante el Oligoceno, hace unos 35 millones de años. Durante el Pleistoceno existieron varios cánidos en América, entre ellos algunas especies del género *Canis* (en el que también se incluye el perro doméstico). Dos de estas especies extintas, *Canis dirus* y *Canis armbrusteri*, habitaron Norteamérica -y probablemente Centroamérica- y sobrepasaban el tamaño del lobo moderno. Algunos lobos extintos poseían mandíbulas y dientes muy fuertes por lo que podían triturar los huesos de mamíferos de gran porte, tal y como lo hacen las hienas de hoy en día. La trituración de huesos proveía a estos lobos de una fuente muy nutritiva de alimento como lo es la médula ósea. En el Tomayate se ha encontrado un hueso maxilar correspondiente a un lobo extinto cuya especie aun no ha podido ser identificada. Su tamaño es comparable al de un lobo moderno y podría pertenecer a *Canis dirus* o a *Canis armbrusteri*; sin embargo no se descarta que se trate de una especie desconocida, nueva para la ciencia. En el Tomayate se han recuperado también huesos de otros mamíferos que muestran evidencias de haber sido triturados por un gran cánido.

Este hueso de un mamífero de grande porte no identificado posee señales de haber sido mordido por un lobo. Mide unos 20 cm de largo.

Fragmento del cráneo de un lobo fósil, visto desde abajo, en el cual pueden apreciarse algunos dientes. Mide poco más de 5 cm de largo.

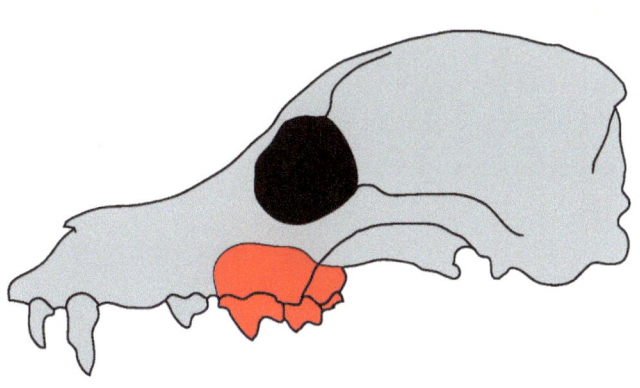

Cráneo de lobo mostrando la localización del fragmento encontrado.

Clasificación	Información general
Carnivora	Tamaño: comparable a un lobo moderno
Canidae	Alimentación: carnívora
Nombre científico: aff. *Canis*	Distribución: indeterminada
Nombre común: lobo	Estatus: extinto

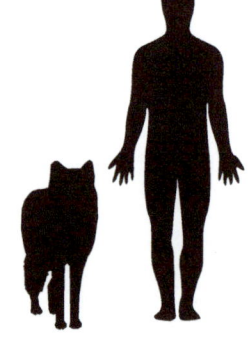

Arriba, reconstrucción artística del lobo fósil del Tomayate. A la izquierda, comparación del tamaño de un lobo fósil y un humano de 1.70 m de altura.

Toxodontes

Estos singulares herbívoros pertenecen al grupo de los Notoungulata, un grupo muy diverso que evolucionó en Sudamérica durante más de 50 millones de años, del cual no sobreviven descendientes. La palabra "toxodonte" significa apropiadamente diente con pliegues (ver fotografía en esta página), y describe uno de los rasgos más característicos de estos mamíferos. Sus dientes tenían además la peculiaridad de crecer continuamente, al igual que los de los roedores. Además de eso, el esmalte no cubría todo el diente sino que estaba localizado en bandas verticales de color claro como se muestra en las fotos aquí presentes. Los toxodontes eran bestias de gran tamaño, corpulentas, que debieron ser muy parecidos a los actuales rinocerontes e hipopótamos, aunque no están emparentados. En contraste con las grandes proporciones de su cuerpo, poseían pies relativamente pequeños. Los restos encontrados en el Tomayate son constituidos por dientes, los cuales pertenecen al género *Mixotoxodon*. Hasta ahora, *Mixotoxodon* es el único género de toxodontes que se ha descubierto fuera de Sudamérica y que por lo tanto logró cruzar el Istmo de Panamá y emigrar a Centroamérica. La mayoría de hallazgos de *Mixotoxodon* en Centroamérica se han producido en conjunto con el proboscidio *Cuvieronius* y el perezoso *Eremotherium*, por lo que es probable que estos tres megamamíferos formaban manadas mixtas.

Dos dientes del toxodonte *Mixotoxodon larensis*. El de la izquierda mide 2 cm de largo, el de la derecha, 4.5 cm de largo.

Arriba, reconstrucción artística del toxodonte del Tomayate, *Mixotoxodon larensis*. A la
izquierda, comparación del tamaño de un
toxodonte y un humano de 1.70 m de altura.

Clasificación	Información general
Notoungulata	Tamaño: unos 3 m de largo, 1.60 m de altura al lomo
Toxodontidae	Alimentación: herbívora
Nombre científico: *Mixotoxodon larensis*	Distribución: Centroamérica, Colombia y Venezuela (probables registros en México)
Nombre común: toxodonte	Estatus: extinto

Mastodontes

El grupo de los Proboscidea (del griego *proboscis*, "trompa") está formado por los modernos elefantes, así como los popularmente llamados "mastodontes" y "mamuts". Mientras que los mamuts son parientes muy cercanos de los elefantes indios y africanos de la actualidad, los "mastodontes" abarcan una gran variedad de especies de proboscidios, la mayoría lejanamente relacionadas con los elefantes modernos y los mamuts. Los proboscidios se originaron en África y datan de la época del Eoceno, hace unos 50 millones de años. Los primeros miembros de este grupo eran relativamente pequeños, medían no más de un metro de alto, y durante su evolución sufrieron un considerable aumento de tamaño. Cuando los proboscidios llegaron a América a través del Estrecho de Bering, hace unos 20 millones de años, ya eran criaturas de gran tamaño. Los mastodontes del Tomayate pertenecen a la especie *Cuvieronius tropicus*. Éste fue un proboscidio con un amplio rango geográfico, pues sus restos han sido encontrados en gran parte de América, especialmente en los Andes. Por esta razón, *Cuvieronius* es conocido por los paleontólogos como el "mastodonte de los Andes". *Cuvieronius* es por mucho el mamífero más numeroso del Tomayate. Cerca de la mitad de los restos óseos del Tomayate que se han logrado identificar pertenecen a este proboscidio. Uno de los rasgos más característicos de *Cuvieronius* es su colmillo ligeramente retorcido, del cual se han recuperado buenos ejemplares en el Tomayate. A partir de los restos de mandíbulas encontradas se han identificado por lo menos ocho individuos adultos o subadultos, además de varios dientes de leche pertenecientes a un número indeterminado de individuos inmaduros. Además de haber reconocido fósiles de *Cuvieronius* en estado juvenil y adulto en el Tomayate, se han podido separar también hembras y machos por medio de comparaciones realizadas con los restos óseos de hembras y machos de los mamuts y los elefantes actuales.

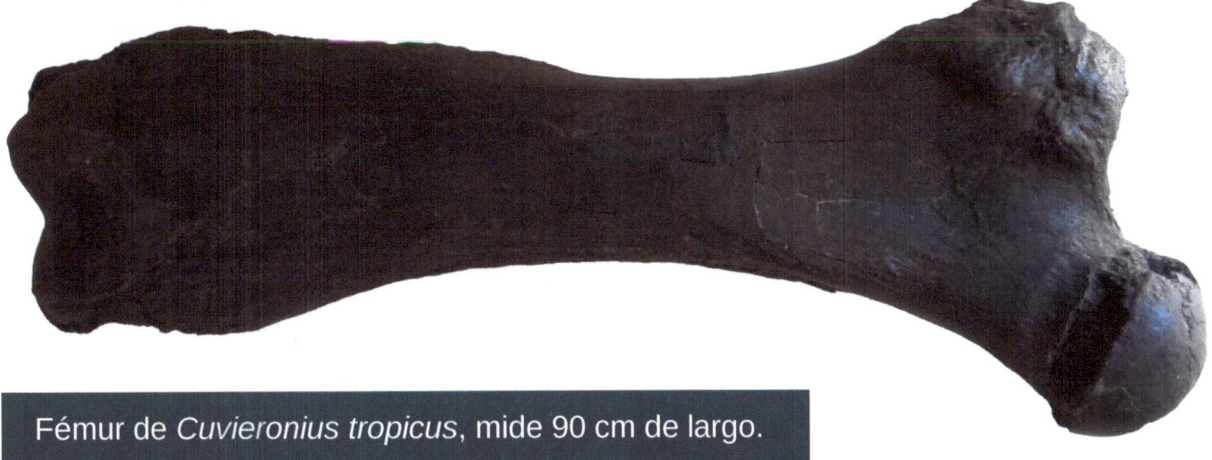

Fémur de *Cuvieronius tropicus*, mide 90 cm de largo.

Mucho trabajo. Técnicos del Museo Nacional de Antropología y del MUHNES dedicándose a los restos de mastodontes del Tomayate. Arriba, Ernesto Novoa extrae una mandíbula; abajo, José Santos aplica una substancia consolidante a una pelvis recién descubierta.

49

Leticia Escobar (MUHNES) une partes de un colmillo.

Colmillos (incompletos) de *Cuvieronius tropicus*. El mayor mide 60 cm de largo, si estuviera completo probablemente mediría el doble. Los menores pertenecían a ejemplares en fase de crescimiento.

Dientes y más dientes. En el Tomayate se han encontrado muchos dientes molares de mastodontes -de los cuales se ve aquí una pequeña muestra- que representan a individuos en diferentes fases de crescimiento. Desde "pequeños" dientes de leche, pasando por dientes de tamaño mediano, que pertenecían a individuos sub-adultos, hasta grandes molares de ejemplares maduros, como el primer molar encontrado por Teófilo Reyes, equivalente a una "muela del juicio". Al igual que en los elefantes de hoy, los mastodontes poseían un máximo de tres dientes en la mandíbula, los cuales era paulatinamente substituídos, y en los individuos de edad avanzada, cuando la substitución se detiene, sólo queda un diente, de gran tamaño.

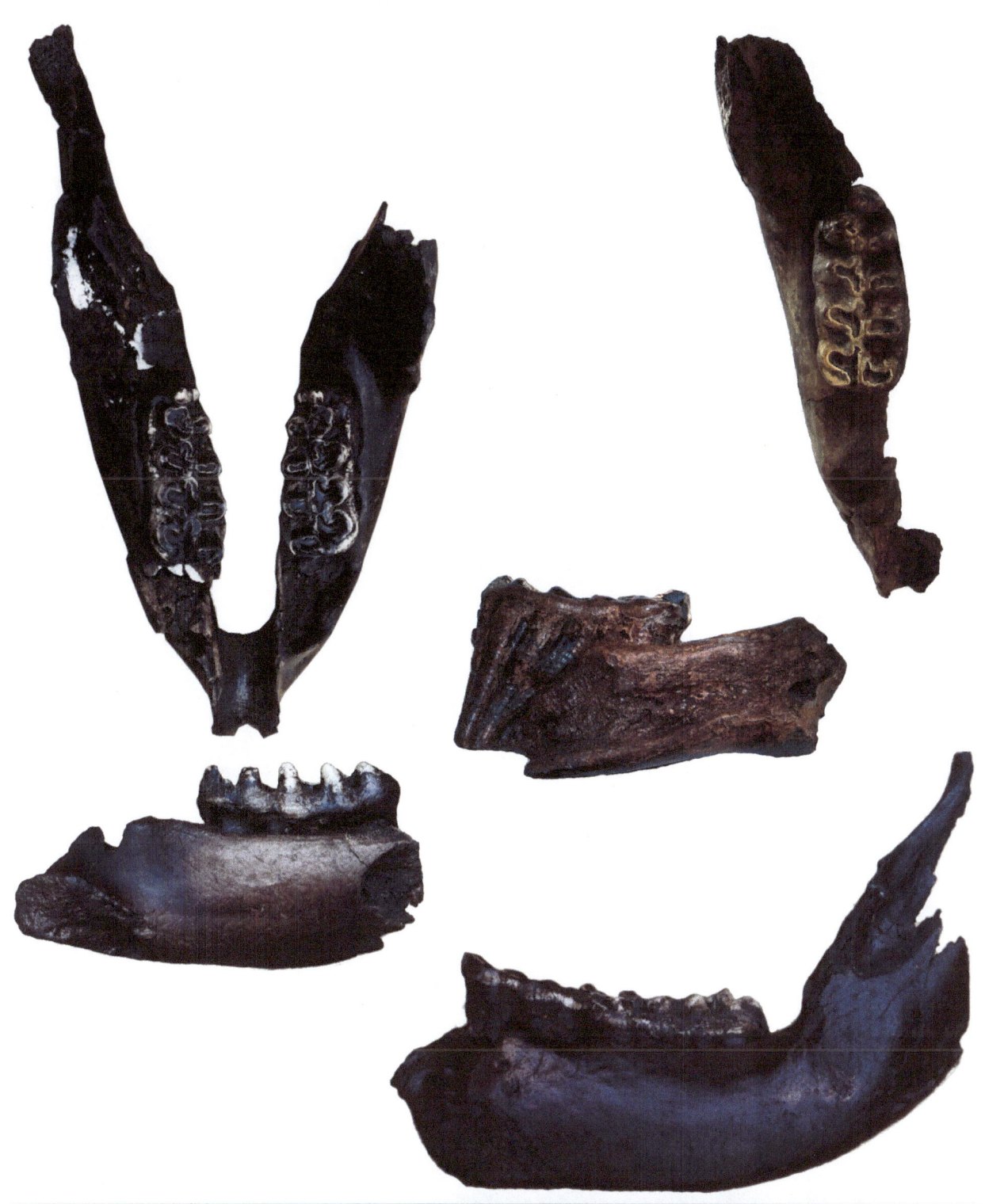

Mandíbulas de *Cuvieronius tropicus*. Se han encontrado ocho mandíbulas de este mastodonte en el Tomayate (ver también página opuesta), si sumamos este número a unos cuatro dientes de leche, los cuales sabemos -por su pequeño tamaño- que no pueden pertenecer a estas mandíbulas, obtenemos el resultado de doce ejemplares de mastodontes encontrados hasta ahora en el Tomayate.

♂

♀

Estas mandíbulas pertenecen a un macho y a una hembra del mastodonte *Cuvieronius tropicus*. La de la derecha mide unos 70 cm de largo. La mandíbula de la izquierda (la silueta gris indica su forma si estuviera completa) es más grande y robusta que la de la derecha. Posee dos molares que han sido poco usados, pues casi no muestran desgaste. Un tercer diente, más pequeño, cayó poco antes de que el animal muriera, pues el espacio que ocupaba su raíz aun puede verse con facilidad en la mandíbula (ver flecha). El hecho de que tuviera dientes nuevos nos indica que esta mandíbula le perteneció a un animal que murió antes de haber alcanzado la fase adulta. La mandíbula de la derecha, a pesar de ser más pequeña, le perteneció a un animal de edad avanzada. Sólo le queda un diente a cada lado y ambos se encuentran bastante desgastados. Además, los espacios dejados por los dientes que ya cayeron se encuentran cerrados... (continúa en la página opuesta)

Cránio de *Cuvieronius tropicus*, mide 80 cm de largo.

... y no se observan fácilmente, lo que nos indica que cayeron mucho tiempo antes de la muerte del animal. Ambas mandíbulas pertenecen a la misma especie (*Cuvieronius tropicus*) pues a pesar de las diferencias en tamaño sus mandíbulas poseen las mismas características anatómicas y sus dientes, si tomamos en cuenta las diferencias de desgaste, son básicamente iguales. ¿A qué se debe, entonces, que la mandíbula del animal joven sea considerablemente más grande que la del viejo? La mejor explicación es que pertenecen a individuos de sexos diferentes, la mayor sería de un macho joven y la menor, de una hembra vieja. En los elefantes de la actualidad, tanto africanos como asiáticos, los machos son hasta 30% más grandes que las hembras. Las mismas diferencias en tamaño se han registrado en los machos y hembras de mamuts y de otras especies de mastodontes.

Reconstrucción artística del mastodonte de los Andes, *Cuvieronius tropicus*.

Comparación del tamaño del mastodonte de Los Andes (el macho en negro y la hembra en gris) y un humano de 1.70 m de altura.

Clasificación	Información general
Proboscidea	Tamaño: entre 2.5 m y 3.5 m de altura (los machos considerablemente más grandes que las hembras)
Gomphotheriidae	Alimentación: herbívora
Nombre científico: *Cuvieronius tropicus*	Distribución: de EUA a Argentina
Nombre común: mastodonte de Los Andes	Estatus: extinto

Caballos

El género *Equus,* al cual pertenece el caballo doméstico, se originó en Norteamérica hace unos 5 millones de años, desde donde emigró a Sudamérica, Eurasia y África. Los burros y las cebras que existen hoy en día son especies que también pertenecen al género *Equus*. En el pasado existieron más especies dentro de este género, algunas de las cuales convivieron con los primeros humanos que llegaron al continente americano. Ellos las cazaban y contribuyeron a su extinción. Los caballos americanos se extinguieron hace unos 10,000 años, mucho antes de la llegada de los conquistadores españoles, quienes creyeron estar "introduciendo" el caballo en América. *Equus conversidens* fue un caballo del tamaño de un burro cuyos fósiles han sido descubiertos en gran número en el valle de México. Los fósiles de *Equus conversidens* también se han encontrado en el sur de EUA, y sus restos bien conservados provenientes del Tomayate representan el primer registro de esta especie fósil en Centroamérica.

Arriba, un cráneo de *Equus conversidens*, visto en el sitio. Abajo, la mandíbula inferior de ese cráneo, encontrada a unos 60 cm de él.

Arriba, el mismo cráneo y la mandíbula de *Equus conversidens* vistos en la página anterior (el cráneo mide unos 35 cm de largo). A la izquierda, un casco de *Equus conversidens*, mide 6 cm de largo.

Reconstrucción artística del caballo mexicano fósil, *Equus conversidens*.

Comparación del tamaño de *Equus conversidens* y un humano de 1.70 m de altura.

Clasificación	Información general
Perissodactyla	Tamaño: 1.40 m de altura al hombro
Equidae	Alimentación: herbívora
Nombre científico: *Equus conversidens*	Distribución: de EUA a Argentina
Nombre común: caballo mexicano fósil	Estatus: extinto

Venados

Los ciervos o venados se originaron en Asia durante el Mioceno, hace unos 20 millones de años y llegaron a Norteamérica a través del Estrecho de Bering durante el Plioceno, hace unos 5 millones de años. Una de las características más llamativas de los venados es la presencia de cornamentas, las cuales son generalmente más prominentes en los machos. Con el surgimiento del Istmo de Panamá, hace 3 millones de años, los venados llegaron a Sudamérica y ahora es ahí donde hay más especies de estos mamíferos. Los venados encontrados en el Tomayate pertenecen a dos géneros actuales, *Odocoileus* cf. *virginianus* y *Mazama* sp. Los restos de Mazama descubiertos en el Tomayate son muy importantes no sólo por ser los primeros fósiles de este género encontrados en Centroamérica si no también por ser los más antiguos encontrados hasta ahora en América. La antigüedad de los restos de *Mazama* del Tomayate nos sugiere que este género se originó en Centroamérica.

Arriba, metatarso (hueso del tobillo) del venado *Mazama* sp. Abajo, mandíbula de *Mazama* sp., tiene 13 cm de largo.

Astas de *Odocoileus* cf. *virginianus*, miden aproximadamente 12 cm de largo.

Clasificación	Información general
Artiodactyla	Tamaño: entre 0.70 m y 1.40 m de largo
Cervidae	Alimentación: herbívora
Nombre científico: *Mazama* sp.	Distribución: del sur de México al norte de Argentina
Nombre común: venado, venado cabrito	Estatus: viviente

Clasificación	Información general
Artiodactyla	Tamaño: entre 1.60 m y 2.20 m de largo
Cervidae	Alimentación: herbívora
Nombre científico: *Odocoileus* cf. *virginianus*	Distribución: del sur de Canadá a Bolivia
Nombre común: venado de cola blanca	Estatus: viviente

Arriba, el venado *Mazama americana* (fotografía por Whaldener Endo). Abajo, el venado de cola blanca *Odocoileus virginianus* (fotografía por N. Mishler y M. J. Mishler).

Llamas

Los camélidos, el grupo de mamíferos que incluye a los camellos y las llamas de hoy en día, se originaron en Norteamérica durante el Eoceno, hace unos 40 millones de años. Desde esta región se dispersaron a Eurasia, África y al resto de América. En el Tomayate se han encontrado restos de dos géneros de llamas extintas. Una de ellas es la paleollama (*Palaeolama*), que poseía un aspecto semejante al guanaco actual (*Lama guanicoe*) con la diferencia de ser más grande y poseer miembros más robustos. La otra llama del Tomayate pertenece al género *Hemiauchenia*, atribuida preliminarmente a la especie *seymourensis*, y era más alta que la paleollama, pues alcanzaba hasta 2.4 m de altura (más alta que un camello actual). Los fósiles de estas dos llamas extintas encontrados en el Tomayate representan sus primeros registros en Centroamérica. La presencia de *Hemiauchenia* cf. *seymourensis* es importante pues ha contribuido a fechar el sitio.

Arriba, Metacarpo y metatarso (muñeca y tobillo) de una paleollama. El más grande mide 29 cm de largo. Izquierda, molar de la llama gigante *Hemiauchenia* cf. *seymourensis*.

Reconstrucción artística de la llama gigante *Hemiauchenia* cf. *seymourensis*.

Reconstrucción artística de la llama gigante *Palaeolama* sp.

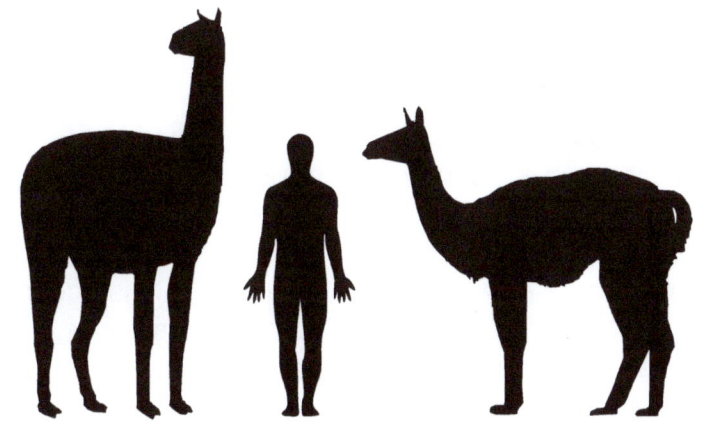

Comparacón de los tamaños de *Hemiauchenia*, *Palaeolama* y un humano de 1.70 m de altura.

Clasificación	Información general
Artiodactyla	Tamaño: 2.40 m de altura
Camelidae	Alimentación: herbívora
Nombre científico: *Hemiauchenia* cf. *seymourensis*	Distribución: de EUA a Argentina
Nombre común: llama gigante	Estatus: extinta

Clasificación	Información general
Artiodactyla	Tamaño: 1.80 m de altura
Camelidae	Alimentación: herbívora
Nombre científico: *Palaeolama* sp.	Distribución: de EUA a Argentina
Nombre común: paleollama	Estatus: extinta

Polen y madera fósil

En el sedimento que abriga los paleovertebrados del Tomayate se encuentran muchos restos de polen de varias plantas y pequeños fragmentos de madera fósil, que aún se encuentran en fase inicial de estudio. Algunos de los granos de polen identificados pertenecen a herbáceas diversas, así como árboles. Estos restos vegetales fueron sepultados al mismo tiempo que los vertebrados ahí presentes y los resultados de su estudio nos pueden dar información muy valiosa sobre la vegetación y el clima del Tomayate en la época del Pleistoceno. Todas las plantas identificadas hasta ahora representan especies vivientes.

Fragmentos de madera fósil del Tomayate. El mayor mide 12 cm de largo.

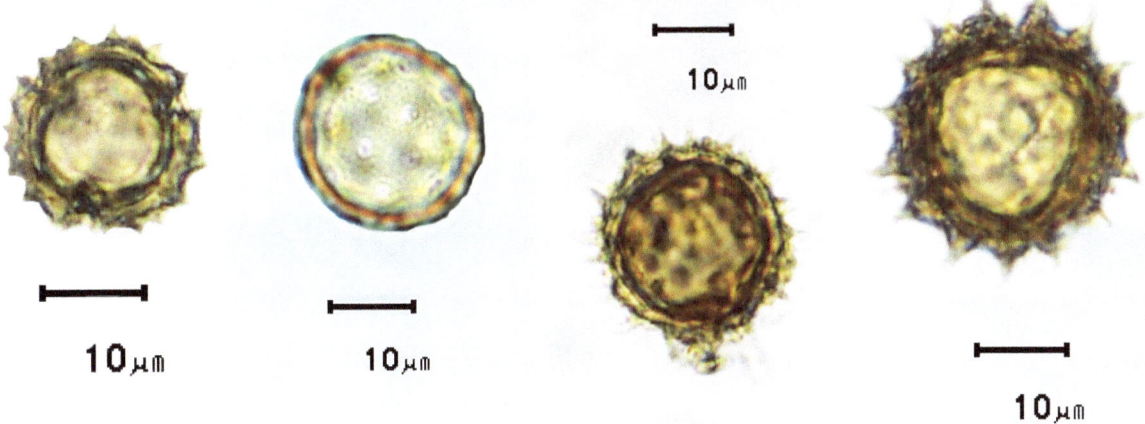

Polen fosilizado encontrado en el Tomayate. Arriba: herbáceas (Compositae). A la derecha: Cayena (*Hibiscus*, también conocido en Centroamérica como clavel). Abajo, a la izquierda: Roble (*Quercus* sp.) y a la derecha, aliso (*Alnus* sp.) (fotografía por Sarah Fowell).

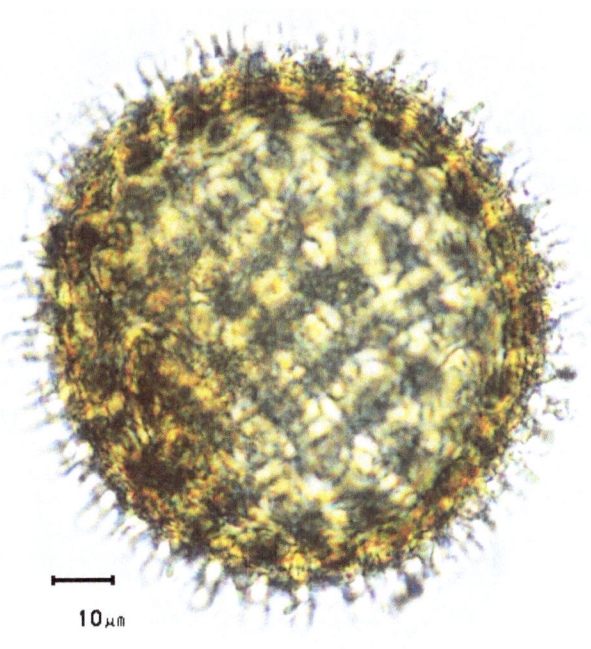

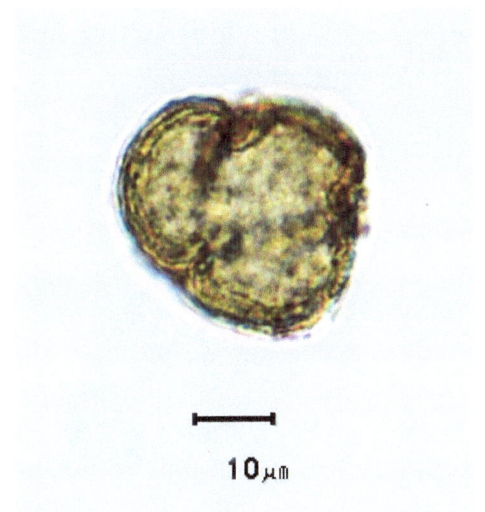

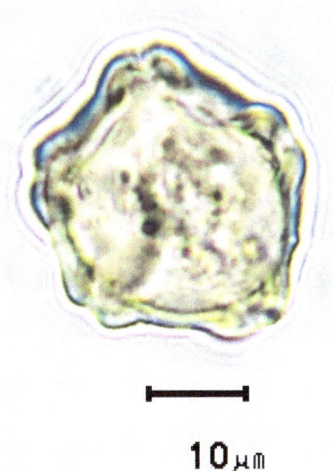

Breve analísis de los fósiles del Tomayate

La importancia del yacimiento

La importancia del sitio paleontológico ubicado en las márgenes del Tomayate puede apreciarse desde varios puntos de vista. En primer lugar resalta la abundancia de fósiles presentes en el yacimiento. Como se ha mencionado antes, se han identificado restos de por lo menos ocho mastodontes adultos y un número indeterminado de juveniles, todos de la especie *Cuvieronius tropicus*. Debido a esto el Tomayate es quizá el mayor depósito conocido de fósiles de este mastodonte en toda América (y por ende en el mundo). Solamente en Tarija, Bolivia, se han encontrado restos de esta especie en número comparable al Tomayate.

Es muy destacable también la diversidad de especies fósiles del sitio. En el Tomayate se han encontrado hasta ahora 19 especies de vertebrados fósiles, con lo cual se confirma como el yacimiento más rico en paleovertebrados de Centroamérica. A esto podemos agregar los hallazgos de polen y madera fósil que se encuentran en fase de estudio y que enriquecerán más la lista de especies fósiles identificadas.

Finalmente, algunas especies encontradas en el Tomayate constituyen primeros registros en Centroamérica. Estas son las llamas *Hemiauchenia* y *Palaeolama*, el caballo *Equus conversidens* y el gliptodonte *Glyptotherium arizonae*. Estas especies fósiles sólo se habían encontrado antes en EUA y México y gracias a los descubrimientos en el Tomayate sabemos que vivieron también en Centroamérica. Son también primeros los registros fósiles del cocodrilo *Crocodylus acutus* y el venado *Mazama* sp. Estas especies eran conocidas en la región por sus representantes vivientes y debido a la ausencia de fósiles se ignoraba cuánto tiempo tenían de existir. Por sus hallazgos en el Tomayate ahora sabemos que estas especies poseen por lo menos medio millón de años de antigüedad.

Fechando el sitio

La información derivada de las especies ha sido hasta ahora la herramienta más útil para el fechamiento del yacimiento paleontológico, pues ya se conoce la edad de muchas de ellas. Sabemos que algunas de las especies ahí presentes se extinguieron con el fin de la última glaciación, hace 11,000 años. Entre éstas tene-

	Nombre científico	Nombre común	Origen
Reptiles	*Hesperotestudo crassiscutata*	tortuga gigante	Norteamérica
	Emydidae indeterminada	tortuga de agua dulce	Norteamérica
	Kinosternon sp. *	tortuga de agua dulce	Norteamérica
	Crocodylus acutus *	cocodrilo americano	Américas
Aves	*Anser* sp. *	ganso silvestre	Norteamérica
Mamíferos	*Glyptotherium arizonae*	gliptodonte	Sudamérica
	Holmesina septentrionalis	armadillo gigante	Sudamérica
	Propraopus sp.	armadillo gigante	Sudamérica
	Eremotherium sp.	perezoso gigante	Sudamérica
	Megalonyx sp.	perezoso gigante	Sudamérica
	Sylvilagus sp. *	conejo	Norteamérica
	aff. *Canis* sp.	lobo	Norteamérica
	Mixotoxodon larensis	toxodonte	Sudamérica
	Cuvieronius tropicus	mastodonte	Norteamérica
	Equus conversidens	caballo mexicano	Norteamérica
	Odocoileus cf. *virginianus* *	venado de cola blanca	Norteamérica
	Mazama sp. *	venado cabrito	Norteamérica
	Palaeolama sp.	paleollama	Norteamérica
	Hemiauchenia cf. *seymourensis*	llama gigante	Norteamérica

Lista de fauna fósil del Tomayate. Los asteriscos indican especies vivientes.

mos los perezosos *Eremotherium* y *Megalonyx*, el mastodonte *Cuvieronius*, y la llama *Palaeolama*. Por eso, como punto de partida, podemos estar seguros que el sitio paleontológico tiene más de 11,000 años.

Por otro lado, la presencia de algunas especies de origen sudamericano nos dice que el sitio es posterior al surgimiento del Istmo de Panamá y a el Gran Intercambio Americano (ver recuadro). Los toxodontes y los gliptodontes presentes en el Tomayate tuvieron que llegar a nuestro país desde Sudamérica caminando por tierra firme o por lo menos atravesando aguas rasas. Por sus características anatómicas, se supone que estos animales no habrían sido bue-

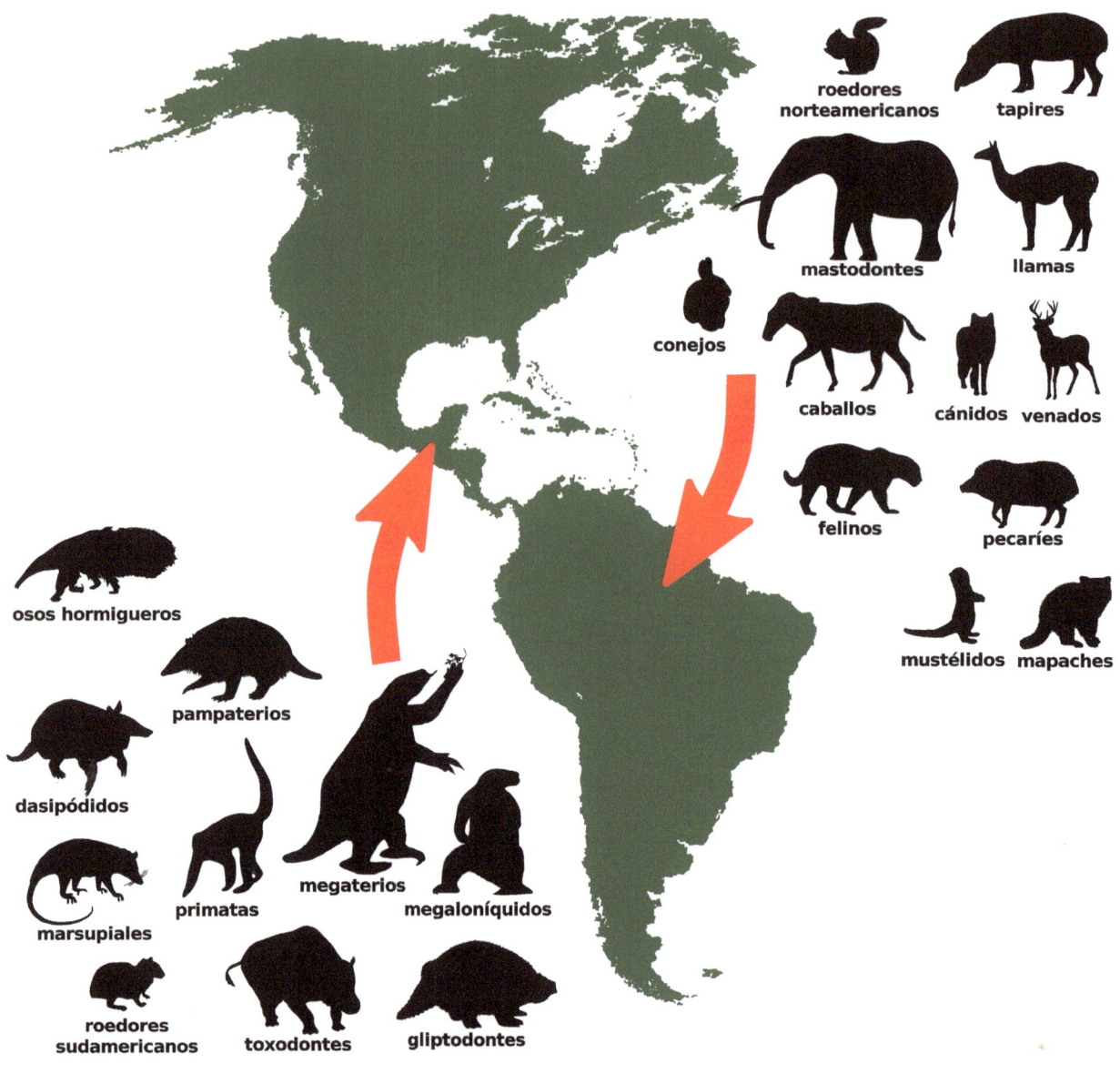

roedores norteamericanos

tapires

mastodontes

llamas

conejos

caballos

cánidos

venados

felinos

pecaríes

mustélidos

mapaches

osos hormigueros

pampaterios

dasipódidos

primatas

megaterios

megaloníquidos

marsupiales

roedores sudamericanos

toxodontes

gliptodontes

El Gran Intercambio Americano. Durante la mayor parte de la Era Cenozoica Centroamérica se encontraba bajo el agua. Debido a esto, Sudamérica fue durante millones de años un continente isla, sin conexión terrestre con Norteamérica. Esto hizo que los mamíferos de Sudamérica evolucionaran de manera independiente, sin contacto con los del resto del mundo. Norteamérica, por otro lado, no estaba aislada, pues se mantenía conectada a Asia a través del Estrecho de Bering, y por esa vía llegaron varios grupos de mamíferos del otro hemisferio, como los proboscidios y los artiodáctilos. Centroamérica emergió poco a poco del océano, debido al choque entre las placas de los Cocos y del Caribe -choque que continúa hoy en día- culminando con la elevación del Istmo de Panamá, hace aproximadamente 2.5 millones de años. Fue a partir de esta fecha que se inició el "Gran Intercambio Americano"... (continúa en la página opuesta)

nos nadadores y no podrían atravesar fácilmente aguas marinas algo profundas. Geólogos y paleontólogos han fechado el surgimiento del Istmo de Panamá en unos 2.5 millones de años atrás, en la época del Plioceno Tardío. Esto nos dice que el sitio paleontológico Tomayate no puede tener más de 2.5 millones de años de edad, pues los toxodontes y los gliptodontes ahí presentes tuvieron que recorrer el Istmo de Panamá para llegar a Centroamérica.

Cuando examinamos la época en que surgieron algunas de las especies encontradas en el Tomayate, tenemos que considerar una edad más reciente para el yacimiento. Cinco de las especies presentes en el Tomayate no poseen registros mundiales anteriores al Pleistoceno, de hecho algunas no son más antiguas que la Edad Calabriana del Pleistoceno: el cocodrilo *Crocodylus acutus*, el venado *Mazama* sp., el toxodonte *Mixotoxodon*, la llama gigante *Hemiauchenia* cf. *seymourensis*, y el caballo *Equus conversidens*. Debido a esto podemos estar seguros de que el sitio pertenece a la época del Pleistoceno y que sus fósiles no pueden poseer más de 1.8 millones de años de antigüedad (fecha en que comienza la Edad Calabriana del Pleistoceno, ver la tabla de tiempo geológico en la página 13). Por último, el gliptodonte *Glyptotherium arizonae* y la llama

gigante *Hemiauchenia* cf. *seymourensis*, vivieron exclusivamente en una edad conocida en Norteamérica como "Irvingtoniano", la cual terminó hace medio millón de años. Por ello descartamos que el sitio tenga menos de medio millón de años de antigüedad.

Al sumar toda la información aportada por las especies descubiertas hasta ahora en el Tomayate podemos llegar a la conclusión que el yacimiento paleontológico se formó en el Pleistoceno, en la edad Irvingtoniana, es decir, que posee entre medio millón y 1.8 millones de años. Éste es por el momento el fechamiento más preciso que se dispone para el sitio.

Cómo se formó el yacimiento

Los vertebrados fósiles del Tomayate se encuentran cubiertos por un estrato que una vez fue una gruesa capa de lodo. El gran espesor de este sedimento que cubre los vertebrados indica que fue transportado por una fuerte corriente de agua, la cual los sepultó de manera rápida. La evidencia indica que los vertebrados ya estaban muertos cuando fueron cubiertos por esta espesa capa de lodo. Esto se deduce por que los fósiles se encuentran en estado desarticulado, es decir, la mayoría de los huesos están separados en-

...como se le llama a la colonización gradual de Sudamérica por especies provenientes de Norteamérica y viceversa. Antes de este intercambio faunístico, en Centroamérica no existían alguns de los animales que vemos hoy en día, tales como las zarigüeyas, los monos, los armadillos, y varios roedores, los cuales proceden de Sudamérica.

En la figura constan los principales grupos de mamíferos que participaron en este intercambio. Algunos animales, como los cocodrilos, no participaron en el intercambio, pues ya estaban distribuidos en los dos continentes antes del surgimiento del Istmo de Panamá. Las siluetas no están a escala.

Principales eventos que formaron el sitio paleontológico Tomayate: (1) animales alimentándose cerca de un riacho, varios huesos yacen en la tierra; (2) se produce una inundación, los animales huyen, los huesos son sepultados por lodo; (3) una camada de sedimento arcilloso cubre los huesos, una segunda inundación produce otro estrato de sedimento y huesos sobre el primero; (4) un evento de volcanismo deposita un espeso estrato de piroclastos sobre las dos camadas de sedimento y huesos; y (5) se produce una falla geológica por la cual corre el río Tomayate en la actualidad, esta falla y la erosión creada por el río han expuesto los fósiles. Ilustración de Claudia Alfaro Moisa.

El tamaño de los vertebrados del Tomayate comparado al de un humano. Las bajas temperaturas que predominaron durante el Cuaternario provocaron que muchos animales aumentaran considerablemente de tamaño. A éstos se les denomina en su conjunto como "megafauna". A la izquierda, fauna sudamericana, a la derecha, fauna norteamericana. Los crocodilianos, representados por *Crocodylus acutus* (al centro) ya estaban en ambos continentes mucho antes del Gran Intercambio Americano.

tre sí. Si los vertebrados hubieran estado vivos cuando los sepultó el sedimento, sus esqueletos estarían relativamente completos y cada hueso estaría en su lugar. Lo más seguro es que lo que encontramos en el Tomayate sean los restos de varias carcasas que estuvieron expuestas en un llano aluvial por semanas o meses a la intemperie, y que fueron desarticuladas por otros animales o la erosión, antes que una catástrofe natural provocara la corriente de agua y lodo que los cubrió.

La corriente de agua y lodo que

cubrió los huesos no fue producida por el Río Tomayate, pues éste hubiera dejado en los estratos del sitio las huellas características de un río, que los geólogos saben detectar e interpretar. Por ejemplo, no se han encontrado piedras de río, es decir, piedras redondeadas, entre los fósiles. Si el río Tomayate existía en la época en que vivieron los paleovertebrados, debe haber sido un río con mucho menos caudal que en la actualidad, mas bien un pequeño riachuelo que se formaba en época de lluvias.

Lo más probable es que la inunda-

ción que cubrió los fósiles del Tomayate haya sido el producto de una tormenta tropical o huracán. La numerosa presencia de huesos de gran porte y la ausencia de huesos pequeños en el Tomayate nos indica que la corriente de agua fue súbita y fuerte, pues fue capaz de llevarse miles de huesos pequeños y de medio porte que no quedaron preservados en el Tomayate. Solamente huesos de gran peso y porte fueron capaces de resistir el flujo del agua y permanecer en su lugar, o por lo menos no moverse mucho. Como se ha dicho anteriormente, la especie más numerosa en el Tomayate es el mastodonte *Cuvieronius tropicus* y son también bastante numerosos los restos del perezoso gigante *Eremotherium* sp. Los restos de estos dos mamíferos constituyen más de la mitad de los miles de fósiles encontrados en el sitio. Estos dos mamíferos, además de ser los más numerosos en el Tomayate, son los de tamaño más grande, y por ende sus huesos lo son también. Por otro lado, el animal más pequeño encontrado en el Tomayate lo constituye el conejo *Sylvilagus*, del cual sólo se ha encontrado una pelvis. Esta superabundancia de huesos de gran tamaño y la escasez de huesos diminutos se vuelve extraordinaria cuando tomamos en cuenta que los animales pequeños siempre ocurren en mayores números que los de gran tamaño. Por ejemplo, no se ha encontrado ningún hueso de roedor en el Tomayate, mientras que en otros yacimientos de paleovertebrados es normal encontrarlos en gran cantidad.

La evidencia indica, por lo tanto, que una fuerte corriente se llevó los huesos medianos y pequeños, dejándonos principalmente restos de mamíferos grandes como los mastodontes y perezosos. La cantidad de lodo que se acumuló fue suficiente para cubrir totalmente estos huesos y así preservarlos hasta nuestros días. El Tomayate conserva los registros de al menos dos de estos eventos de inundación catastrófica, pues se observan dos estratos de huesos y lodo en el Tomayate.

Mucho tiempo después, movimientos tectónicos crearon una falla geológica. Por esta falla corre actualmente el río Tomayate, el cual por su vez provocó la erosión que dejó al descubierto las camadas ricas en fósiles que podemos apreciar hoy en día.

¿Por qué se extinguió la megafauna del Pleistoceno?

La fauna terrestre del Pleistoceno estaba compuesta por muchos vertebrados, especialmente mamíferos, que alcanzaban un gran tamaño. Al compararlos con los vertebrados que vemos hoy en día a nuestro alrededor, podemos llevarnos la falsa impresión de que éstos "se hicieron

Página anterior: Reconstrucción artística de la región de Apopa y los paleovertebrados del Tomayate durante el Pleistoceno. De izquierda a derecha vemos un perezoso gigante *Eremotherium* alimentándose de un árbol de aguacate, dos lobos devorando una paleollama, un grupo de llamas gigantes abrevando, una tortuga de agua dulce, un toxodonte abrevando y una manada de mastodontes aproximándose. Huesos de mastodontes yacen cerca del toxodonte antes de ser sepultados por una inundación. Los volcanes que se ven en el horizonte son Guaycume, y más atrás, Guazapa, ambos más altos que en la actualidad. Ilustración por Luis Miguel Montes.

pequeños". Esto no es correcto pues la gran mayoría de las especies de vertebrados de hoy en día ya existían durante el Pleistoceno y convivieron con la megafauna. Por lo tanto lo que en realidad vemos no es una disminución del tamaño de algunas especies, sino la desaparición de las especies gigantes.

La comunidad científica debate calurosamente las causas de la extinción de la megafauna del Pleistoceno. Como se ha mencionado anteriormente, el fin de esta época geológica está marcado por el fin de la última glaciación, 11,000 años atrás. Durante el Pleistoceno predominaron las bajas temperaturas y se produjeron largos períodos de glaciaciones, por lo cual esta época como un todo es conocida comúnmente como la "Era Glacial". Por eso, el cambio climático que se produjo al final del Pleistoceno es visto por muchos científicos como el villano que causó la extinción de la megafauna. Cabe mencionar que los cambios de temperatura en el mundo también son responsables por cambios en la vegetación, lo cual puede tiene un impacto negativo en muchos animales adaptados a consumir un determinado tipo de vegetación. Por ejemplo, al subir las temperaturas la florestas de todo el mundo tienden a crecer y las áreas de pastos tienden a encogerse, lo cual perjudica a animales que dependen del pasto tales como los caballos, los bisontes y los mamuts.

El problema de la extinción de la megafauna se complica un poco cuando tomamos en cuenta la llegada del *Homo sapiens* a América. Los primeros humanos cruzaron el Estrecho de Bering hace unos 15,000 años y deben haber tenido un impacto negativo en la megafauna que no estaba acostumbrada con la pre-sencia humana, a través de la caza desmesurada y la alteración del habitat por los incendios provocados por ellos. Esta teoría cuenta con muchos defensores en la comunidad científica y también se aplica a Australia, donde la desaparición de la megafauna también coincide aproximadamente con la llegada del ser humano. Sin embargo, nada descarta que las dos explicaciones sean válidas y que la extinción de la megafauna haya sido ocasionada por el cambio climático agravado por la acción humana. Cabe mencionar que muchos de los representantes de la megafauna del Pleistoceno aun sobreviven en África, el único continente donde los grandes mamíferos han convivido con el ser humano desde el surgimiento del género *Homo*.

Finalmente, las catástrofes que ocasionan las extinciones en masa siempre afectan más a los animales de gran tamaño que a los pequeños. Esto se debe a que los animales pequeños se reproducen más rápido y en mayor número que los grandes, lo cual los hace evolucionar más rápido. En otras palabras, las especies más pequeñas tienden a adaptarse más rápido a las situaciones adversas y son capaces de repoblar un área diezmada con más rapidez que las grandes.

¿Cómo era el clima de El Salvador en el pasado?

Para saber si los vertebrados del Tomayate vivieron durante una de las frecuentes glaciaciones del Pleistoceno debemos fijarnos en lo que nos dicen algunas de las especies allí encontradas. Hay que observar, sin embargo, que cuando ha-

blamos de una "Era glacial" y de "glaciaciones" nos referimos a un fenómeno de temperaturas más bajas que las actuales, pero que no necesariamente provocó la formación de glaciares en Centroamérica, por ser una región de baja latitud, es decir, cercana al ecuador.

Una de las especies de animales que nos pueden arrojar información sobre el paleoclima de la época es la tortuga gigante *Hesperotestudo crassiscutata*. A ésta generalmente se le considera como un indicador de clima árido ya que su gran cuerpo era una especie de reserva de agua, de igual manera que las tortugas que actualmente habitan en el Archipiélago de las Galápagos, frente a Ecuador. Las tortugas de las Galápagos son verdaderos barriles de agua ambulantes, lo cual constituye una adaptación al clima árido de las islas donde viven. De esta manera la presencia de tortugas terrestres gigantes en el Tomayate nos sugiere que el clima de El Salvador en esa época era seco. Esto parece estar apoyado también por el descubrimiento de llamas en el Tomayate, pues éstas, al igual que sus parientes los camellos, también prefieren los hábitats áridos. Si El Salvador tenía estas condiciones cuando se acumularon los vertebrados encontrados en el Tomayate, lo más probable es que el planeta se encontrara durante una glaciación, ya que en estos períodos el clima global se vuelve no solamente más frío si no también más seco. Esto se debe a que las bajas temperaturas hacen más difícil la evaporación del agua y por ende la formación de la lluvia. Debido a la poca lluvia, las florestas tropicales se reducen y los desiertos y las sabanas crecen. Durante una glaciación el paisaje de El Salvador habría sido parecido a la sabana africana de hoy en día.

Los días en la sabana salvadoreña serían moderadamente cálidos y las noches frías. Predominaría una vegetación más rasa, propia de clima semi-árido y los árboles estarían bastante dispersos, excepto a lo largo de los ríos, los cuales serían menos caudalosos que hoy en día. Manadas de mastodontes pastarían o se alimentarían de las copas de los árboles. Estos serían acompañados en menor número por otros herbívoros tales como llamas, perezosos gigantes, toxodontes y gliptodontes. Lluvias esporádicas pero fuertes crearían cuerpos de agua temporales alrededor de los cuales se concentrarían estos megamamíferos, que a su vez serían acechados por felinos, lobos, cocodrilos y otros depredadores del Pleistoceno. El paisaje salvadoreño, así, no sería tan diferente de lo que hoy en día se puede apreciar en el parque Serengueti en Tanzania, con sus imponentes manadas de elefantes, jirafas, búfalos y ñus pastando, y el volcán Kilimanjaro sirviendo de marco. Finalmente, algunas de las lluvias ocasionales de la sabana salvadoreña serían lo suficientemente fuertes para cubrir de lodo una gran cantidad de esqueletos, convirtiéndolos en fósiles, para que la ciencia los pueda estudiar muchos años después y para que todo el mundo los pueda apreciar.

Página opuesta: Reconstrucción artística de la región de Apopa y los paleovertebrados del Tomayate durante el Pleistoceno. De izquierda a derecha vemos un grupo de gliptodontes, una tortuga gigante alimentándose de izote y un perezoso gigante *Megalonyx*. Ilustración por Luis Miguel Montes.

Bibliografía sobre paleontología de El Salvador

Aguilar, D. H. y Laurito, C. A. 2009. El armadillo gigante (Mammalia, Xenarthra, Pampatheriidae) del río Tomayate, Blancano tardío-Irvingtoniano temprano, El Salvador, América Central. Revista Geológica de América Central, vol. 41, pp. 25-36.

Álvarez, J. & Aguilar, F. 1957. Contribución al estudio de la suspensión gonopódica del género *Poeciliopsis* con descripción de una nueva especie fósil procedente de El Salvador, Centro America. Revista de la Sociedad Mexicana de Historia Natural, vol. 18, pp. 153-172.

Cisneros, J. C. 2005. New Pleistocene vertebrate fauna from El Salvador. Revista Brasileira de Paleontologia, vol. 8, pp. 239-255.

Cisneros, J. C. 2008. The fossil mammals of El Salvador. Neogene Mammals. New Mexico Museum of Natural History and Science Bulletin, vol. 44, pp. 375-380.

Jiménez, T. F. 1958. Noticias sobre un mastodonte del Cantón San Juan Buenavista. Cultura, vol 13, pp. 205-220.

Kemper, E. y Weber, H.-S. 1979. Über einige Cenoman-Fossilien aus El Salvador und ihre biostratigraphische und paläogeographische Bedeutung. Geologisches Jahrbuch, vol. B 37, pp. 3-29.

Lardé (y Arthés), J. 1924. Geología general de Centro América y especial de El Salvador. Imprenta Nacional, San Salvador, 82 pp.

Lardé (y Arthés), J. 1950. La región fosilífera de San Juan del Sur; informe científico del profesor don Jorge Lardé al Ministerio de Instrucción Pública. Anales del Museo Nacional de El Salvador, vol. 1, pp. 78-88.

Lardé y Larín, J. 1950. Índice provisional de las regiones fosilíferas de El Salvador. Anales del Museo Nacional de El Salvador, vol. 1, pp. 69-74.

Laurito Mora, C. A. 1988, Los proboscídeos fósiles de Costa Rica y su contexto en la América Central. Vínculos, vol. 14, pp. 29-58.

Lötschert, W. y Mädler, K. 1975. Die plio-pleistozäne Flora aus dem Sisimico-Tal, El Salvador. Ein Beitrag zur Frage der Kontinuität tropischer Regenwälder im Quartär. Geologisches Jahrbuch, vol. B13, pp. 97-191.

Lucas, S. G. y Alvarado, G. E. 1995. El proboscídeo *Rhyncotherium blicki* (Mioceno Tardío) del oriente de Guatemala. Revista Geológica de América Central, vol. 18, pp. 19-24.

Lucas, S. G., Alvarado, G., Garcia, R., Espinoza, E., Cisneros, J. C., y Martens, U. 2007. The fossil vertebrates of Central America. En: Central America: Geology, Resources and Hazards. Compilado por J. Bundschuh y G. E. Alvarado. Leyden (Holanda): Taylor & Francis.

Perrigo, S. 1995. La paleontología en El Salvador. En: Historia Natural y Ecología de El Salvador, tomo 1. Compilado por F. Serrano. Ministerio de Educación.

Schmidt-Thomé, M. 1975. Das Diatomitvorkommen im Tal des Río Sisimico (El Salvador, Zentralamerika). Geologisches Jahrbuch, vol. B13, pp. 87-96.

Seiffert, J. 1977. Fossile Frösche (*Diplasiocoela* Noble 1931) aus einer Kieselgur von El Salvador. Geologisches Jahrbuch, vol. B23, pp. 29-45.

Stirton, R. A. y Gealey, W. K. 1949. Reconnaissance geology and vertebrate paleontology of El Salvador, Central America. Geological Society of America, boletín 60, pp. 1731-1764.

Triebel, E. 1963. Eine Fossile *Pelocypris* aus El Salvador. Senckenbergiana Lethaea (Frankfurt), vol. 34, pp. 1-4.

Webb, S. D. 2003. El Gran Intercambio Americano de Fauna, pp. 107-136. En: Paseo Pantera. Una Historia de la Naturaleza y Cultura de Centroamérica. Compilado por A. G. Coates. Smithsonian Institution Press, Washington D. C.

Webb, S. D. y Perrigo, S. 1985. New megalonychid sloths from El Salvador, pp. 113-120. En: The Evolution and Ecology of Armadillos, Sloths, and Vermilinguas. Compilado por G. G. Montgomery. Smithsonian Institution Press, Washington D. C.

Webb, S. D. y Perrigo, S. 1984. Late Cenozoic vertebrates from Honduras and El Salvador. Journal of Vertebrate Paleontology, vol. 4, pp. 237-254.

Glosario

aff.: abreviatura del latín affīnis, "afín a", se utiliza cuando no se está seguro si el fósil en cuestión pertenece a un género o especie ya conocidos, o a un género o especie nuevos para la ciencia. Ejem., " aff. *Canis*" significa que el fósil en cuestión podría pertenecer al género *Canis* o a un nuevo género.

amonita/amonite: grupo de moluscos marinos extintos emparentados con los pulpos y calamares, pero dotados de una concha en forma de espiral, la cual en algunas especies podía alcanzar hasta tres metros de diámetro.

bivalvo: grupo de moluscos marinos y de agua dulce caracterizado por poseer una concha dotada de dos valvas (ejem.: las ostras).

Calabriano: una de las edades en que de divide la Época Pleistocena. Comenzó hace 1.8 millones de años y terminó hace 700 mil años.

carcasa: esqueleto.

carnívoro: se dice de un animal que se alimenta predominantemente de otros animales por medio de la caza.

cf.: abreviatura del latín confer, "conferir", se utiliza cuando un autor desea expresar que no está totalmente seguro de una identificación. Ejem., en "*Hemiauchenia* cf. *seymourensis*" la identificación de la especie *seymourensis* necesita ser corroborada.

conchero: depósito arqueológico con restos de moluscos y peces que fueron consumidos por humanos.

crocodiliano: grupo taxonómico al que pertenecen los cocodrilos, caimanes y gaviales.

desarticulado: se dice de un esqueleto cuando sus partes no se encuentran montadas.

diatomea: alga unicelular, acuática, que posee una cubierta de sílice.

especie: una población de individuos (animales o plantas) capaces de producir descendientes fértiles entre sí.

estrato: una capa de rocas sedimentarias (por ejemplo, ceniza, arena, arcilla).

estratigrafía: disposición en serie de los estratos en un yacimiento o formación, y la ciencia que los estudia.

Eurasia: el continente formado por Europa y Asia.

fechar: determinar la edad de un fósil, un yacimiento, o de un acontecimiento geológico.

género: una población de individuos capaces de reproducirse pero sólo produciendo híbridos (descendientes no-fértiles). Los géneros se dividen en especies, por ejemplo, dentro del género *Equus* se encuentran las especies *Equus cavalus* (caballo) y *Equus asinus* (burro), entre otras.

herbívoro: se dice de un animal que posee una alimentación total o predominantemente vegetariana.

homínido: miembro del grupo al que pertenece *Homo* y otros géneros emparentados tales como *Australopithecus*.

Homo sapiens: nombre científico de la especie humana.

intemperie: la condición de un objeto al descubierto, expuesto a los agentes del tiempo.

isótopo: cada uno de los elementos químicos que poseen el mismo número de protones y distinto número de neutrones. Los isótopos de algunos elementos son útiles para fechar sitios paleontológicos.

llano aluvial: una planicie que se inunda rápidamente por el agua que baja bruscamente de montañas cercanas durante una tormenta.

megafauna: literalmente, animales gigantes. Se aplica especialmente a la fauna del Pleistoceno.

megamamífero: literalmente, mamífero gigante. Se aplica especialmente a los mamíferos del Pleistoceno.

molar: muela.

omnívoro: se dice de un animal que posee una alimentación muy diversa, incluyendo animales y plantas.

paleoclima: el clima de una época geológica pasada.

paleovertebrado: vertebrado fósil.

plastrón: el área del carapacho de una tortuga que cubre su vientre.

proboscidio: grupo de mamíferos caracterizado por la presencia de una proboscis o trompa, al cual pertenecen los llamados mastodontes, mamuts y los elefantes modernos.

sp.: abreviación de "especie", indica que no se ha podido identificar la especie de un género. Por ejemplo *Kinosternon* sp. indica una especie no identificada del género Kinosternon.

subadulto: se dice de un animal inmaduro, cercano a la fase adulta.